〔日〕中田寿幸 监修

冯博 译

数学不无聊

化繁为简的几何故事

下册

U0172749

SPM
南方传媒

新世纪出版社

·广州·

触手可及的图形

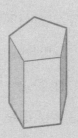

五花八门的立体图形

前面的内容让我们了解了各部分都在同一平面内的图形，也就是平面图形的知识。可是，在我们身边，除了平面图形以外，还有许许多多能够触摸的、不止一个面的图形。

比如说，大家早餐喝牛奶时手里拿的杯子，学习时使用的铅笔和橡皮擦……这些东西都是大家平时触手可及的。在数学中，这种各部分不在同一个平面内的图形我们称之为"立体图形"。

 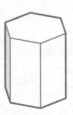

立体图形的特征

观察角度不同，看到的形状也会不同

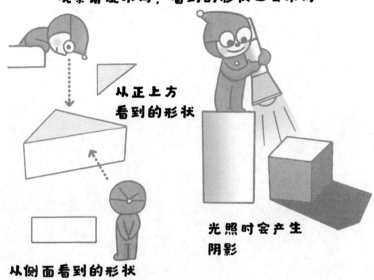

从正上方
看到的形状

从侧面看到的形状

光照时会产生
阴影

　　立体图形的特征之一，是被光照时会产生阴影。此外，从立体图形上方看到的形状与从侧面看到的形状往往不一样。比如上图左侧的积木，从正上方看到的图形是三角形，但是从侧面看到的图形却是长方形。

　　像这种立体图形上的三角形、四边形等图形，我们称之为"面"。立体图形往往是由多个面组成的。

立体图形

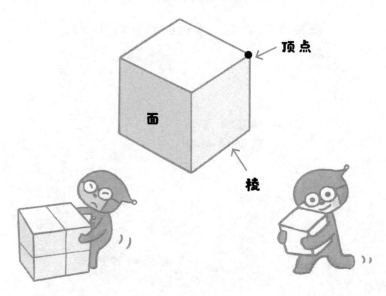

面和面相交的线段被称为"棱",棱和棱的交点则被称为"顶点"。

接下来,请同学们仔细观察下一页图中的骰子,看看它的面都是什么形状的。没错,所有的面都是正方形。像骰子这样所有面都是正方形的立体图形,我们称之为"正方体"。

正方体和长方体

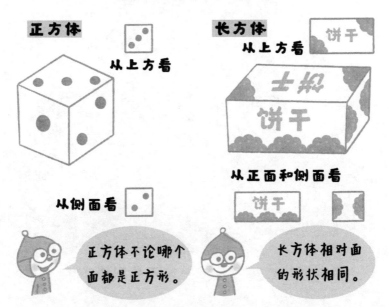

正方体

从上方看

从侧面看

长方体

从上方看

饼干

士初
饼干

从正面和侧面看

饼干

正方体不论哪个
面都是正方形。

长方体相对面
的形状相同。

    图中饼干盒的各个面都是长方形的，可是，从正面或侧面看到的形状，和从上方看到的形状却并不一样。因此，我们称这种立体图形为"长方体"。

    同学们再仔细观察一下身边的物体就可以发现，像抽纸盒、豆腐等物品都有长方体的，大家的身边还有很多长方体的东西呢。

    接下来，让我们一起来看一看印章的形状吧。

圆柱

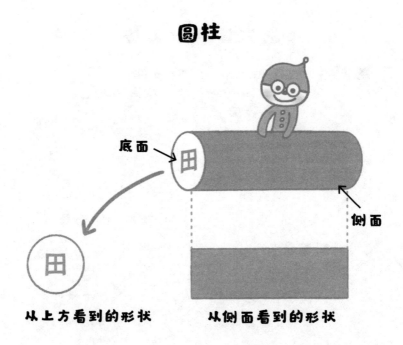

底面

侧面

从上方看到的形状

从侧面看到的形状

　　使用印章可以盖出圆形的印。而从侧面看，印章则是长方形的。把印章横着放在桌子上，它还能滚来滚去。这种图形的物品我们就称之为"圆柱"。

　　我们将圆柱的圆形面朝下竖起来时，上、下两个面就叫作"底面"，周围的面就叫作"侧面"。圆柱的底面为圆形。

棱柱

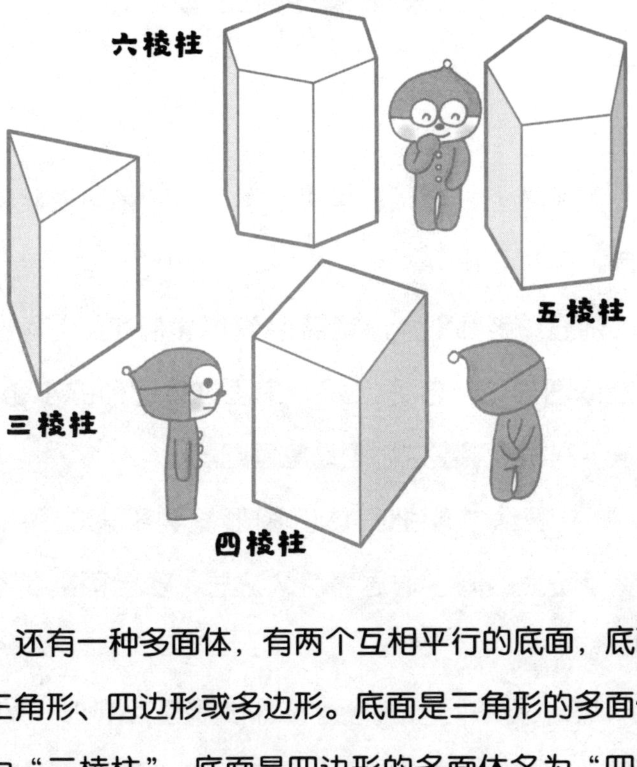

六棱柱

三棱柱

四棱柱

五棱柱

　　还有一种多面体，有两个互相平行的底面，底面是三角形、四边形或多边形。底面是三角形的多面体名为"三棱柱"，底面是四边形的多面体名为"四棱柱"，底面是五边形的多面体名为"五棱柱"，底面是六边形的多面体名为"六棱柱"。以此类推，底面互相平行，其余各面都是四边形，并且每相邻两个四边形的公共边都互相平行的多面体，我们统称为"棱柱"。

描绘立体图形

美术课上，老师在黑板上画了一个台阶形状的立体画。

随后，老师对大家说道："请同学们在纸上画出这个立体图形吧！告诉大家一个画立体图形的小秘诀，要从不同角度观察之后再动笔画哟。"

"要怎么才能把立体的图形画到平面的画纸上呢？"班上的同学们思考良久之后，各自画出了不同的图形。

"那就把不同方向看到的图形都画出来吧！"小梅同学一边说，一边动笔，最后画出来的图形是从左面、上面和正面观察到的图形。

请同学们在纸上画出
这个立体图形吧

三视图

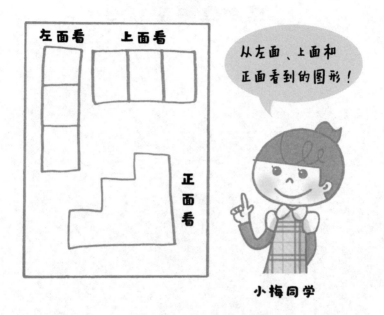

左面看   上面看

正面看

从左面、上面和正面看到的图形！

小梅同学

　　老师在黑板上画的台阶形状的物体，从上面看时，呈三格四边形梯子的形状；从正面看时，呈台阶的形状。

　　然而小亮同学却有不同的见解："从这个角度看的话，应该会显得更加立体吧？"说着，他画出了一幅从斜上方看到的图形。的确是一幅看上去十分具有立体感的画呢！

立体图

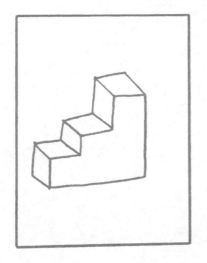

我是按照我看到的来画的!

小亮同学

与此同时,一旁的小勇同学自言自语道:"要尽可能详细地把这个立体图形画出来……那我就用手工纸来做一个这样的立体图,然后再将它展开成平面画出来就好了。"最终,小勇同学画出来的图十分独特:许许多多的平面相连,形状仿佛是一个箭头。

展开图

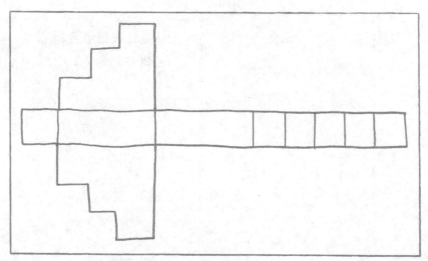

这样也可以？

其实呀，这三位同学的画法都是人们常用的在平面上表现立体图形的方法。

小梅同学通过从正面、上面和左面观察的方法画出来的图，我们称之为"三视图"。

而用小亮同学的画法画出来的图立体感强，则被称作"立体图"。

最后，用小勇同学的画法画出来的图被称作"展开图"。

将它们组合起来就能还原成原来的立体图形！

正方体的展开图

　　同学们都知道，正方体是由 6 个正方形围成的立体图形。因此，正方体的展开图是由 6 个相连的正方形所组成的图形。那么，接下来请同学们动动脑筋，来想想 6 个竖着相连的正方形是否能够拼成一个正方体吧。

　　"咦？好像失败了……"

上一页图中 6 个正方形的组合无法拼成一个正方体。这到底是为什么呢？答案其实就藏在正方体里，请大家仔细观察正方体的形状吧。

　　首先，我们可以发现，正方体上、下各有 1 个面。此外，还可以发现正方体前、后、左、右共有 4 个面。那么，我们先摆好前、后、左、右连续的 4 个正方形，也就是立方体的 4 个侧面，然后向两边各伸出一个做上、下面的正方形，就是正方体的展开图了（见下一页的图①）。其中，上、下面的正方形，无论与侧面 4 个正方形中的哪一个相连都没有问题——如同下一页正方体的展开图②～⑥所示——最终都能组成正方体。展开图⑦则是稍加调整以后的展开图，在此基础上再对上、下面进行移动，则可得到展开图⑧～⑪。将这些可能的图形全部画出后可以发现，正方体的展开图一共有 11 种。

正方体的各种展开图

大家可以动一动手，看看是不是每一个图形都能拼成一个正方体呢？

以❶为基础开始观察吧。

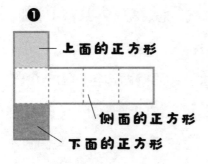

上面的正方形

侧面的正方形

下面的正方形

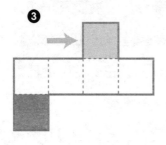

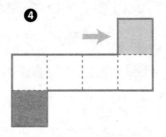

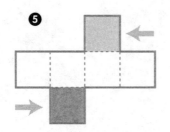

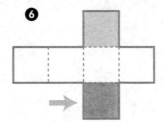

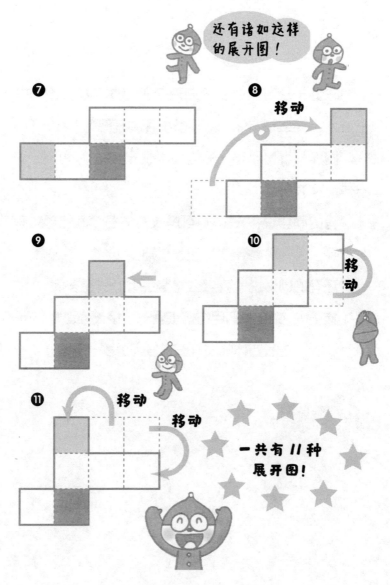

还有诸如这样的展开图！

❼

❽ 移动

❾

❿ 移动

⓫ 移动

移动

一共有11种展开图！

长方体的展开图

在上一小节里，我们知道了正方体的展开图一共有11种。那么长方体一共有多少种展开图呢？

同学们议论纷纷，有的同学说："我觉得和正方体一样，是11种。"

有的同学说："是吗？可是长方体各个面的形状有所不同，所以我觉得应该会比11种少……"

还有的同学说："我怎么觉得会比11种更多呢……"

接下来，就让我们用方格纸画一个棱长分别为1 cm、2 cm、3 cm 的长方体的展开图来仔细观察一下吧。

长方体的展开图有多少种

其实呀，不管是长方体还是正方体，它们平面展开的方式都是一样的——由4个侧面加上、下两个面组成。在小俊同学班上，老师让同学们思考这样一个问题：正方体的每一种平面展开图，对应到长方体中能够画出几种来。

推导长方体的展开图

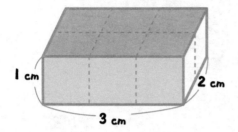

1 cm

2 cm

3 cm

长方体展开图
有6个面

 ❶ × 2（前、后面）

 ❷ × 2（左、右面）

 ❸ × 2（上、下面）

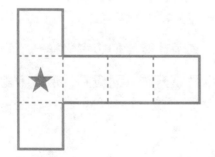

将正方体展开图的
★部分分别对应❶、
❷、❸的各面试试看！

114

接下来让我们一起来解答老师提出的问题吧！我们先看看上一页图正方体 T 字形的展开图，变换一下横竖图形的位置可以发现，对应到长方体中能够画出 6 种展开图。以此类推，正方体其他的展开图模式，也同样可以画出 6 种长方体。因此可以得出以下结论：每 1 种正方体的平面展开图都能对应衍生出 6 种长方体的展开图。因此，正方体的展开图有 11 种，那么长方体的平面展开图似乎应该有 66 种。

长方体的各种展开图

❶ 　　　　将❶对应到 114 页★ 的位置

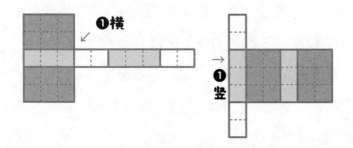

❷ 　　将❷对应到★ 的位置

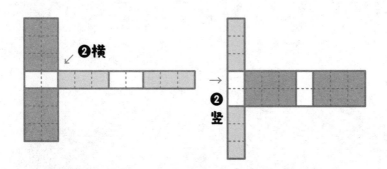

❸ 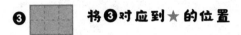 将❸对应到★的位置

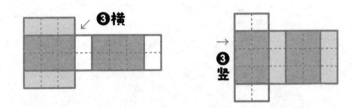

❸横

→ ❸竖

1种正方体展开图模式变成了6种长方体展开图！

也就是说，长方体的展开图有 6×11＝66 种？

这样就变成了一个简单的乘法计算：既然正方体有 11 种展开图，再乘 6，那么长方体的展开图就一共有 66 种了。

就在此时，小织同学举手发表自己的意见："老师，我画的这些长方体的展开图当中，有一些图旋转之后就和其他某个图一模一样了……"

仔细观察即可发现，小织同学画的长方体的展开图当中，确实有重复的图形。于是，同学们开始寻找有没有其他重复的图形，最后找到了 12 个和其他图形重复的展开图。

所以，长方体的展开图一共有 66-12=54 种。团结就是力量，同学们齐心协力地完成了老师布置的任务。

有没有重复的展开

展开图 A

展开图 B

把展开图B旋转180°就变成了展开图A！

把展开图 B 旋转 180° 后……

啊！这边的情况也一样！

旋转 180° 后变成相同图形的展开图一共有 12 种。长方体的展开图一共有：66-12 = 54（种）！

有趣的展开图

一天，老师递给小梨同学一张纸并说道："你试试把这张小鸟形状的手工纸沿着虚线折叠，看看是什么图形。"

小梨照做之后大吃一惊："好神奇，折叠之后竟然拼成了一个正方体！"

在前面的小节（第110页）中已经为大家说明过，正方体的展开图只有11种。那么，这张小鸟形状的展开图，是不是没有被发现的第12种呢？

其实呀，这个图形只不过是前面正方体的展开图⑥的一种变形形式。

小鸟形状的展开图

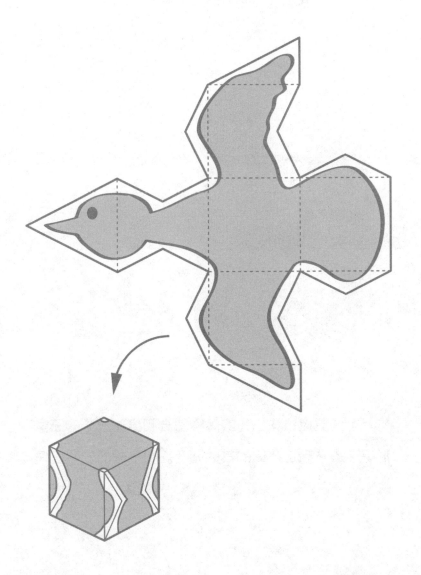

小鸟形状的展开图制作方法

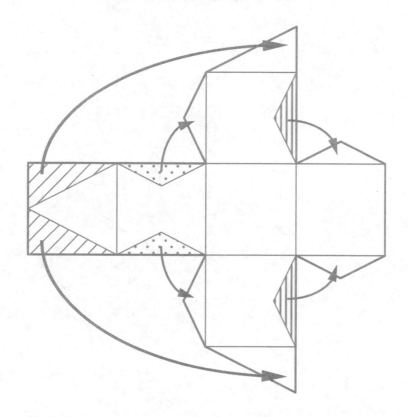

制作要点：将小鸟的鸟嘴部分和身体部分的三角形剪下来粘到正方体的其他面上。剪下来的这些三角形部分一定要粘在拼起时会合拢过来的边上。

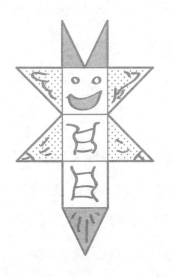

除了小鸟图形以外，用相同的方法还可以制作出各种各样有趣的展开图。所有这些图形的制作要点其实也很简单，那就是剪下来的图形部分在折叠时能够严丝合缝地和其他部分拼接上。

请感兴趣的同学自己动手，试着用手工纸来制作各种各样的展开图吧。

锥体

  这一小节里，让我们一起从各种角度来观察一下类似金字塔的形状吧。通过观察可以发现，金字塔从侧面看是一个大的三角形，从上面看则是四边形。而我们在聚会时经常戴的尖顶帽子的情况又如何呢？从侧面看它是三角形，从上面看则是圆形。还有用来装红茶的茶包，从侧面看它是三角形，从上面看同样也是三角形的。

  在日本的寺庙里，还有不少被称作"六角堂"或"八角堂"的建筑物。从侧面观察这些建筑物也同样是那种类似三角形的形状，从上面往下看它们却是六边形或八边形的。

不同的锥体

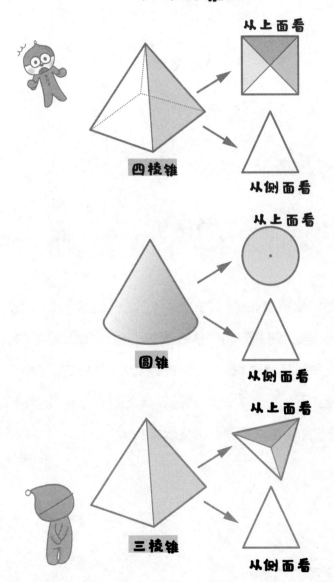

从上面看

从侧面看

四棱锥

从上面看

从侧面看

圆锥

从上面看

从侧面看

三棱锥

125

八角堂

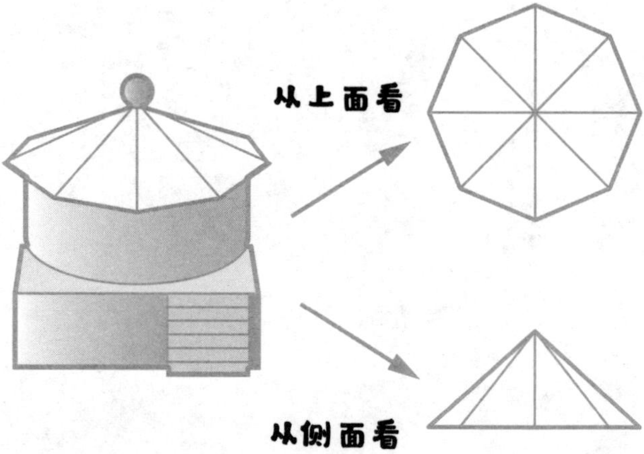

从上面看

从侧面看

我们称圆锥和棱锥为"锥体"。底面是个圆，侧面是一个曲面的立体图形是圆锥；有一个面是多边形，其余各面都是有一个公共顶点的三角形的多面体是棱锥。下一页图中所示的是锥体的展开图，同学们可以自己动手试试将它们拼接起来！

锥体的展开图

三棱锥

圆锥

四棱锥

还有许多形式的展开图哟!

球与多面体

　　大家平时玩的皮球无论从哪个角度看都是酷似圆形的弯曲状，像这种无论从哪个角度看都是弯曲状的立体图形，我们就称之为"球体"，简称为"球"。

　　球在我们的生活中随处可见，只要大家仔细观察就能发现它们有许多特别之处。与其他立体图形不同的是，球没有棱和顶点，且表面没有任何直线，全都呈弯曲状。像这种呈弯曲状的面我们就称之为"曲面"。如果往球表面放一个普通的物体，这个物体立马就会滑落。球自身也能向任意方向滚来滚去。

球

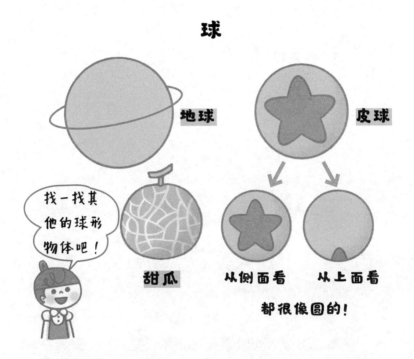

找一找其他的球形物体吧！

地球

皮球

甜瓜

从侧面看　从上面看

都很像圆的！

　　我们居住的地球也是球的形状。那么，大家脚下的地面应该像球面一样，呈弯曲状才对呀，可是，为什么地面看起来好像是平的呢？原来呀，因为地球实在是太大了，所以地球表面的曲面非常平缓，才会给人一种错觉，让人觉得地面是平的。

　　想要直观地感受地球是圆的这个事实，有一个办法就是去海边。

水平线

在海边眺望时可以看到海面和天空有一条交界线，这条交界线叫作"水平线"，就是证明地球表面呈弯曲状的一个有力证据。如果遥远的水平线上驶来一艘船，我们会先看到船的桅杆，然后才是船身。正因为地球是圆的，海面是一个巨大的球面，我们才会感觉船像是从海面以下冒出来似的。如果地球是平的，我们的眼睛看到的就是一艘完整的船了。

钻石

顶点

面

边

　　这一小节我们讲了许多关于球的知识。那么，像钻石这类宝石表面的形状，乍一看好像是圆的，请问它们也是球吗？仔细观察即可发现，原来钻石是有边和顶点的，钻石是由许许多多的面紧密相连所组成的立体图形。

　　因此，钻石并不是球。这种由多个面围成的立体图形我们称之为"多面体"。

一般而言，多面体指的是由多个平面多边形所围成的封闭的立体图形。比如由 8 个面围成的图形我们称为"八面体"，而由 12 个面围成的图形我们则称之为"十二面体"。

　　如果围成的立体图形的各个面均为正多边形，那么我们则称之为"正多面体"。由两个"金字塔"拼在一起围成的立体图形，它的各个面都是正三角形，这种图形我们就称之为"正八面体"（见下一页中间的图）。

　　再来看看，正方体是由 6 个正方形所围成的立体图形，因此也会被大家称作"正六面体"。4 个正三角形所围成的立体图形是"正四面体"，也可以叫"正三棱锥"。

　　如今，人们已知的正多面体只有下一页图中的 5 种类型。

5 种正多面体

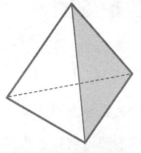

正四面体
（正三棱锥）

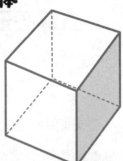

正六面体
（正方体）

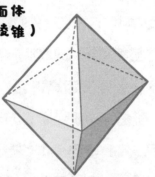

正八面体

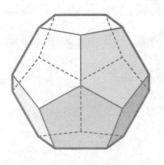

正十二面体

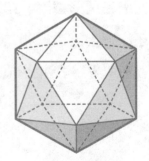

正二十面体

立体图形切割后的截面图

　　如果使用一般的方法，将一个长方体的蛋糕从上方垂直切成数份分给大家，那么切面通常会是长方形或正方形的。在数学中，这个切面我们称之为"截面"。这种长方体的蛋糕竖切和横切的截面并不相同。

　　而正方体不管是竖切还是横切，截面都一样，都是正方形的。可是，如果沿着正方体某个面的对角线向下切的话，就会得到一个长方形截面。不管是正方体还是长方体，通过不同的切法，我们还能切出三角形截面。如果再仔细研究一下切法，甚至还能得到五边形和六边形的截面。感兴趣的同学可以在家里用豆腐块试验一下哟。

长方体和正方体的截面图

蛋糕
（长方体）

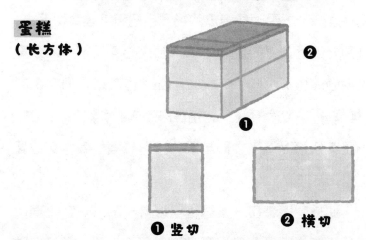

❶竖切   ❷横切

豆腐
（正方体）

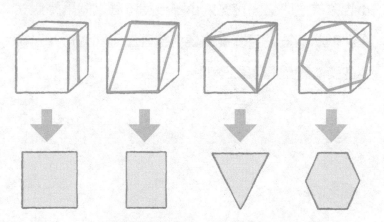

切的角度不同，截面也不同！

那么，如果把长方体换成圆柱，情况又会怎么样呢？回想一下厨师切黄瓜的场景，把黄瓜竖直切下去，截面一般近似圆形。而如果厨师是斜着切的，那么黄瓜截面的圆形仿佛被拉长了一般，也就是人们常说的"椭圆形"。切鱼糕（一种用鱼肉制成的食物），从上往下竖着切可以得到类似半圆的扇形截面，横着切截面则呈长方形。

此外，横着切一个圆锥可以得到圆形，经过顶点竖着切圆锥则得到的是三角形截面。而且，横着切圆锥时得到的圆形，如果切的位置不同，截面圆形的大小也会发生改变。这些大小不一的截面之间是相似关系。以此类推，四棱锥的横切截面图呈四边形，三棱锥的横切截面图则呈三角形。

更多物体的截面图

黄瓜
（圆柱）

❶ 竖切　❷ 斜切

鱼糕

❶
❷

❶ 竖切

❷ 横切

巧克力
（圆锥）

❶ 上方横切　小圆

❷ 下方横切　大圆

❸ 竖切 ⟶

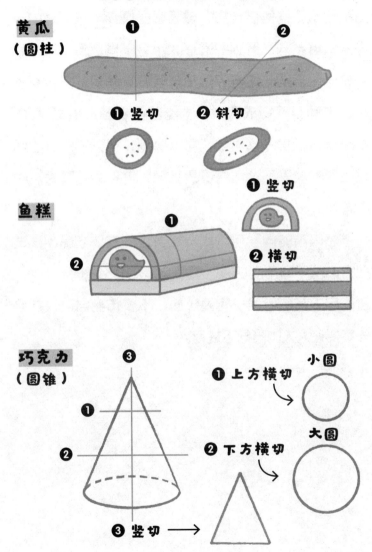

在所有的立体图形中，球是一个特殊的存在，因为不管从任何角度切它，截面都呈圆形。只不过由于切的位置不同，得到的圆形大小会不同。接下来，我们就一起来切一切橙子做个试验吧！我们把一个橙子从正中间竖着切成两半，就能够得到圆形的截面了。再来试试把橙子横着切，可以看到，得到的截面也都是圆形的。只不过切的位置不同，得到的圆形大小也不同。

　　感兴趣的同学可以找一找身边的立体物品，试试把它们从不同角度切开，看看会得到什么图形。注意，在使用刀具的时候一定要小心，不要伤到自己，并且一定要在大人的陪同下进行。

橙子的截面图

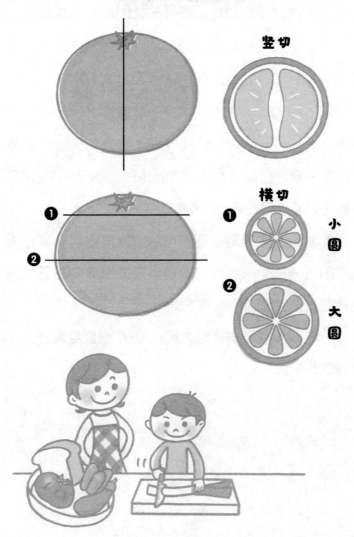

竖切

❶

❷

横切

❶ 小圆

❷ 大圆

平面图形旋转后得到的立体图形

  不知道大家有没有观察过电风扇或者螺旋桨，它们静止的时候，我们能够很清晰地看到里面扇叶的形状，可一旦它们旋转起来，看起来就仿佛是一个圆盘。从静止到转动我们看到的图形是不一样的。

  那么，请大家动脑筋想一想，如果我们把下一页图中的直角三角形、长方形和半圆围绕着中间那条轴旋转之后，会得到什么样的图形呢？

  一位同学不假思索地大声说道："应该全都会变成圆柱吧？"

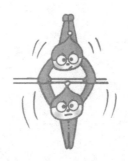

旋转之后会变成什么图形

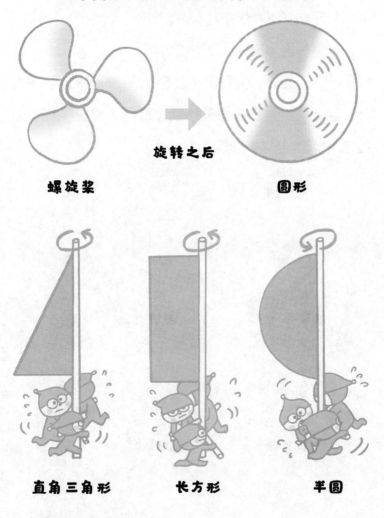

螺旋桨　　　　　旋转之后　　　　　圆形

直角三角形　　　长方形　　　　半圆

旋转之后会变成……

"我觉得长方形旋转之后得到的应该是长方体吧？"另一位同学犹豫着说道。

同学们各持己见，议论纷纷。

那么，旋转后到底是什么图形呢？一起来看看吧。

旋转后，直角三角形形成了圆锥、长方形形成了圆柱、半圆则形成了球。

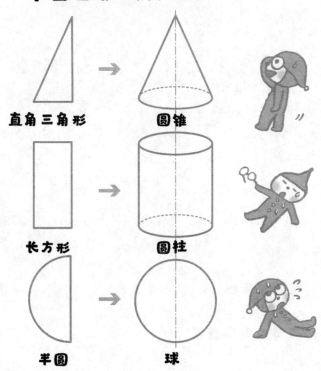

平面图形旋转之后······

直角三角形　　圆锥

长方形　　圆柱

半圆　　球

那么，如果把旋转的轴从竖着的垂直方向换成横着的水平方向，结果又会怎样呢？从下面的图中可以看出，形状发生了不同的改变呢！

　　像这样，将旋转平面的图形更改旋转的轴，可以得到更多不同形状的立体图形。想象一下，周围的物体旋转起来会变成什么样子呢？

更改旋转轴

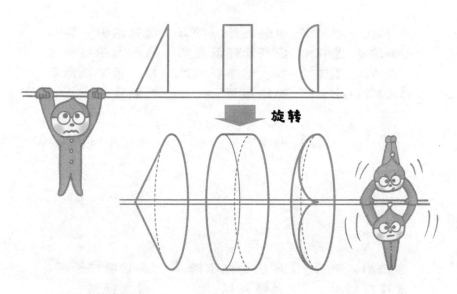

旋转

试一试折立体图形

1.先折出立体图形的组成部件

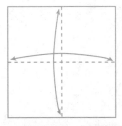

① 将正方形的纸分别沿横、竖两个方向对折，留下折痕后把纸展开；

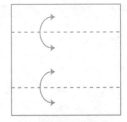

② 将这张纸按上图所示横着再对折，留下折痕后把纸展开；

③ 将纸的一组对角按上图所示对折，留下折痕后把纸展开；

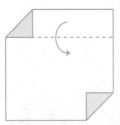

④ 按图所示沿虚线折纸；

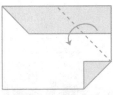

⑤ 按图所示沿虚线折纸；

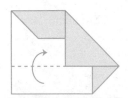

⑥ 按图所示沿虚线折纸；

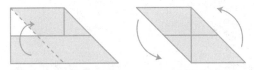

⑦按图所示沿虚线
折叠后塞进中间；

⑧将图形旋转 90°；

⑨按图所示沿虚
线稍往后折；

⑩一个部件
就折好了！

2. 正方体的拼接方法

① 准备 6 个颜色不同的组成部件；

②按图所示把角插好；　　③按图所示把角插好；

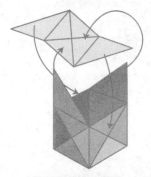

④按图所示把角插好；　　⑤正方体就折好了！

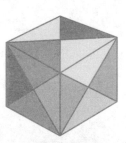

3.二十四面体的拼接方法

① 将组成部件沿对角线对折，留下折痕后把纸展开；

② 准备12个颜色不同的组成部件；

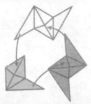

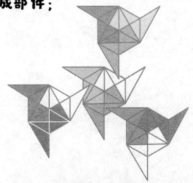

③ 取出其中3个组成部件按图所示拼接起来；

④ 按照步骤③再拼出4个同样的图形，按图所示拼接起来；

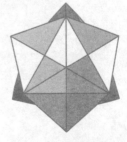

⑤ 按图所示，把部件插到相应位置；

⑥ 二十四面体就折好了！

立体图形的测量

立体图形的表面积

在数学中，我们称一个立体图形所有面的面积之和为该图形的表面积。想要算出一个物体的表面积，则需要算出这个物体所有面的面积，然后将它们相加。正方体或者长方体的表面积等于各个四边形面的面积之和；棱柱的表面积，等于上、下面的多边形面积加上侧面的四边形面积之和；而圆柱的表面积，则等于上、下面的圆形面积，加上侧面的大长方形的面积。其中需要留意的是，圆柱侧面的长方形的长等于圆形底面的周长。

知道一个物体的表面积，在日常生活中也会起到不小的作用。

表面积等于所有面的面积之和

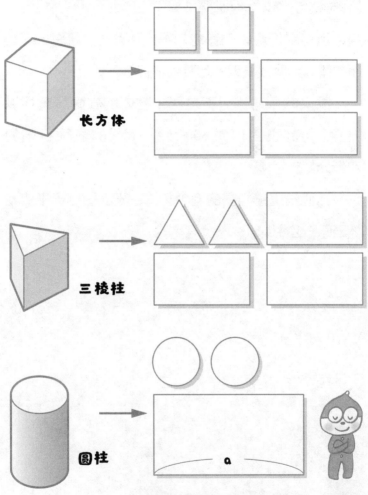

长方体

三棱柱

圆柱

圆的周长等于长方形的 a 边边长

151

比如说，现在让大家用一模一样的包装纸去包裹同样重量的物体 A 和物体 B。

用包装纸可以完美地包裹好物体 A，可是，在包裹物体 B 的时候发现，包装纸不够用了。

原来呀，对比一下这两个物体的表面积就可以发现，A 的表面积为 600 cm^2，而 B 的表面积则为 700 cm^2。

即使是重量相同的两个物体，表面凹凸不平的物体表面积会更大。

体积相等，表面积不同

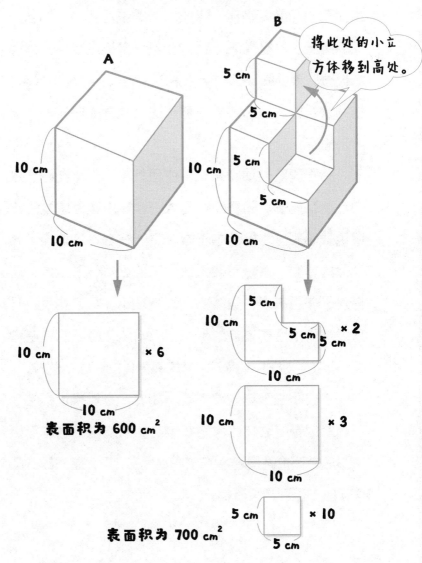

表面积为 600 cm²

表面积为 700 cm²

153

在自然界中，也有利用表面积更好地生存的例子。生活在北极的北极熊，体长大约是生活在热带的马来熊的 2 倍，北极熊的体重大约是马来熊的 8 倍，然而北极熊的表面积却仅为马来熊的 4 倍左右。如此看来，相同体重的北极熊与马来熊相比，表面积是要远小于马来熊的。

对于哺乳类动物来说，体重越重，身体能够产生的热量就越多。而表面积越大，从体内往外散发的热量也就越多。北极熊由于常年生活在寒冷的北极，为了保持体温、散热不要太快，它们虽然体形巨大，但相对于体重来说，身体的表面积较小。与之相反，马来熊常年生活在炎热地带，它们不能让自己的体温过高，所以相对于体重来说，马来熊身体的表面积就较大。

不仅是熊，其他动物同样如此：一般来说，生活在寒冷地带的动物比生活在炎热地带的动物的体形更大。这个理论就是著名的"伯格曼法则"，感兴趣的同学可以去查询相关资料。

伯格曼法则

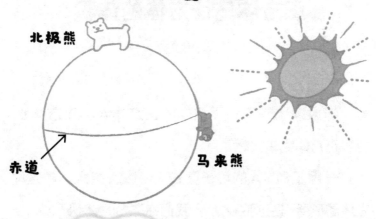

北极熊

赤道

马来熊

北极熊
相对于体重，身体的表面积较小，热量不易流失。

马来熊
相对于体重，身体的表面积较大，热量较易流失。

正方体与长方体的体积

　　请大家比较下一页图中的正方体 A 和正方体 B，哪个正方体比较大呢？

　　一目了然，A 的棱长更长，所以 A 更大。像这种立体图形所占空间的大小，我们称之为"体积"。

　　大家应该还记得，在求长方形和正方形的面积时，我们使用了填充边长为 1 cm 的小正方形的方法。求立体图形的体积，同样可以使用棱长为 1 cm 的小正方体来求解。比如下一页图中正方体 B，如果用棱长为 1 cm 的小正方体来替换，那么它的三条棱的方向分别需要 5 个小正方体。

正方体体积的算法

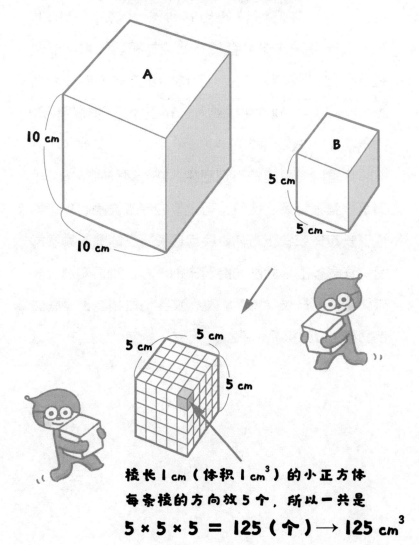

棱长 1 cm（体积 1 cm³）的小正方体
每条棱的方向放 5 个，所以一共是
$$5 × 5 × 5 = 125（个）→ 125\ cm^3$$

因此一共能够放 5 × 5 × 5 = 125 个小正方体。

所以，我们可以使用这种长 × 宽 × 高的方法，来计算正方体或者长方体的体积。体积的单位是 cm^3（立方厘米）。上一页图中正方体 A 的体积为 10 × 10 × 10 = 1 000 个棱长为 1 cm 的小正方体的体积，用数字单位来表示就是 1 000 cm^3。

大家的家里应该都有便笺本吧？翻开便笺本，里面是一张张轻薄的便笺，可大量的便笺堆叠起来，就成了长方体或者正方体。换句话说，立体图形其实就是许许多多的平面图堆叠起来的图形。我们知道，长方体的体积是长 × 宽 × 高，其实也就相当于是底面的面积（底面积）× 高。

如何求便笺本的体积

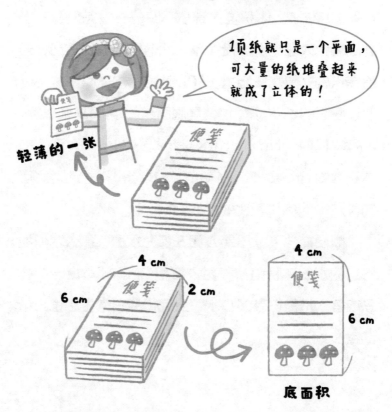

1页纸就只是一个平面，可大量的纸堆叠起来就成了立体的！

轻薄的一张

4 cm
6 cm
2 cm

4 cm
6 cm

底面积

体积＝底面积 × 高，
便笺本的体积为：

$$4 \times 6 \times 2 = 48 \ (cm^3)$$

底面积   高

那么，接下来请大家再来比较下一页图中正方体 A 和长方体 B，体积谁大谁小呢？乍一看完全看不出到底哪个大哪个小。没关系，我们只要分别求出它们的体积，就能比较出大小了。长方体的体积，也可以通过底面的长 × 宽（也就是底面积），再乘高来求解。A 的体积为 5 cm × 5 cm × 5 cm = 125 cm^3，而 B 的体积为 5 cm × 6 cm × 4 cm = 120 cm^3，通过对比可知长方体 A 的体积比 B 的大。

顺便提一下，如果 A 和 B 都为水槽，那么它们能容纳的水的体积则被称为"容积"。能够掌握一个杯子或者水槽能够装多少水，对我们的日常生活也有帮助哟。

哪个体积更大呢

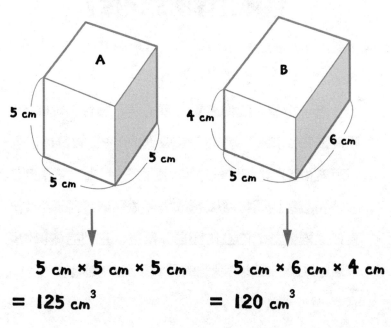

5 cm × 5 cm × 5 cm

= 125 cm^3

5 cm × 6 cm × 4 cm

= 120 cm^3

A的体积大于B的体积！

各种立体图形的体积

　　这一小节，我们来看一看棱柱、圆柱和锥体的体积应该怎么求解。首先，一起来看棱柱吧。大家还记得，正方体和长方体的体积是用"底面积 × 高"来算的吧。棱柱和圆柱也同样可以看成是多边形或者圆形的纸一直往上堆叠形成的立体图形。所以，它们的体积也可以通过底面的多边形或圆的面积乘高来求解。

棱柱和圆柱的体积

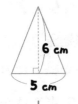

棱柱底面积为：

$$5 \text{ cm} \times 6 \text{ cm} \div 2 = 15 \text{ cm}^2$$

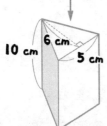

棱柱体积为：

$$15 \text{ cm}^2 \text{（底面积）} \times 10 \text{ cm（高）}$$

$$= 150 \text{ cm}^3$$

圆柱底面积为：

$$2.5 \text{ cm} \times 2.5 \text{ cm} \times 3.14$$

$$= 19.625 \text{ cm}^2$$

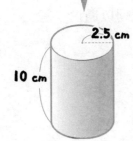

圆柱体积为：

$$19.625 \text{ cm}^2 \text{（底面积）} \times 10 \text{ cm（高）}$$

$$= 196.25 \text{ cm}^3$$

接下来我们来看锥体。锥体的情况和圆柱或者棱柱不同，锥体的上方是尖状的，我们无法单纯地通过底面积 × 高的公式来计算体积。我们可以准备底面和高都相同的圆柱容器和圆锥容器来做一个实验：往圆锥容器里灌满水，然后把圆锥容器里的水倒进圆柱容器中，看看到底要倒几次才能装满圆柱容器。感兴趣的同学也可以自己动动手哟。实验之后可以发现，圆锥容器里的水倒 3 次刚好可以装满圆柱容器。同样的，用底面和高都相同的三棱柱容器和三棱锥容器再次实验可以发现，三棱锥容器中的水同样倒 3 次刚好装满三棱柱容器。

　　"……也就是说，锥体的体积是对应棱柱体积的三分之一吧！"同学们争先恐后地回答道。

　　回答正确！因此，锥体的体积我们可以通过"底面积 × 高 × $\frac{1}{3}$"来求解。

圆柱容器的体积是圆锥容器的几倍

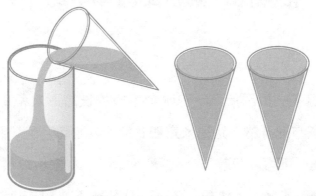

圆柱形容器的体积是圆锥形容器的 3 倍！

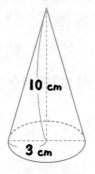

圆锥的体积是：

$$3\ cm \times 3\ cm \times 3.14 \times 10\ cm \times \frac{1}{3}$$
$$= 94.2\ cm^3$$

相似比、面积比与体积比

如下一页图所示，有两个相似的长方形 A 和 B，请问长方形 A 的 a 边是长方形 B 的 c 边的几倍呢？用直尺量一下可以知道，a 边长是 6 cm，c 边长是 3 cm，b 边长是 4 cm，d 边长是 2 cm。比较一下 A 和 B 的边长不难发现，前者的每条边都是后者对应边长的 2 倍。也就是说，长方形 A 的边长是长方形 B 的边长的 2 倍。如果将边长用"比"的关系来表示的话，就是长方形 A ：长方形 B ＝ 2 ：1。像这种对应边的长度之比我们就称之为"相似比"。

相似比

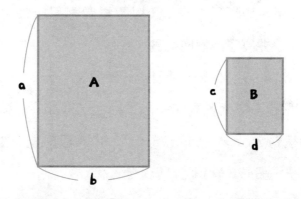

a 的长度 ÷ c 的长度 = 2（a 是 c 长度的 2 倍）
b 的长度 ÷ d 的长度 = 2（b 是 d 长度的 2 倍）

相似比 A：B = 2：1

那么，它们的面积之比又会是怎样的呢？

"因为边长是 2 倍，所以我觉得面积应该也是 2 倍！"小龙同学自信地说道。

那么，让我们来动手计算一下吧。

图形 A 的面积为 4 cm × 6 cm = 24 cm^2；图形 B 的面积为 2 cm × 3 cm = 6 cm^2。这下再来看，图形 A 的面积是图形 B 面积的几倍呢？

"咦？居然是 4 倍！"小龙同学大吃一惊。

边长为 2 倍时，面积则是 4 倍。大家仔细思考一下就能想明白其中的道理：长方形的面积等于长乘宽，如果想要把长方形面积变为原来的 2 倍，那么只需要把长方形的长或者宽中的一条延长到 2 倍就好了。但如此一来，得到的图形会变得比原来的长方形更细长了。而相似图形的情况则是两条边都延长为原来的 2 倍，所以就相当于新的长方形是原来长方形面积的 4 倍了。

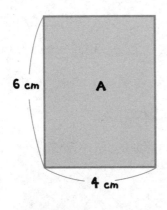

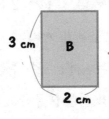

6 cm　A　4 cm

3 cm　B　2 cm

A 的面积：6 × 4 = 24 cm²
B 的面积：3 × 2 = 6 cm²

A 的面积是 B 的面积的 4 倍！

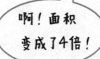

啊！面积
变成了4倍！

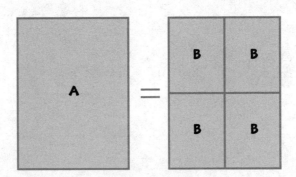

A　=　B　B
　　　　B　B

相似比 A：B = 2：1

面积比 A：B =（2 × 2）：（1 × 1）
　　　　　　 = 4：1

上述两个图形的相似比为 1：2 时，面积之比（面积比）为（1×1）：（2×2）= 1：4；相似比为 1：3 时，面积比则为（1×1）：（3×3）= 1：9。不仅四边形符合这条规律，三角形也同样如此。

我们再来看看体积比吧。我们已知长方体体积的计算公式是长 × 宽 × 高。

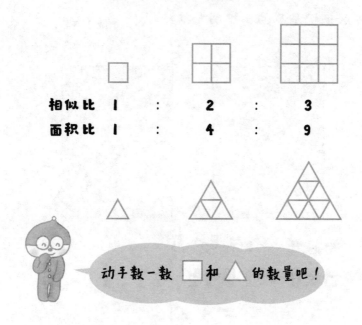

相似比和面积比

相似比	1	：	2	：	3
面积比	1	：	4	：	9

动手数一数 ☐ 和 △ 的数量吧！

因此，以正方体为例，当两个正方体的相似比为1：2时，体积之比（体积比）应为（1×1×1）：（2×2×2）＝1：8。可以发现，棱长扩大为原来图形的2倍，体积却变大了不止2倍呢。

相似比和体积比

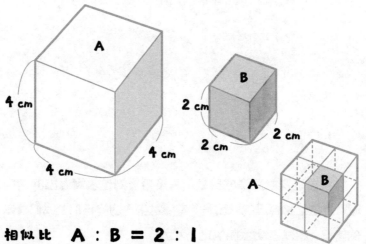

相似比　A：B＝2：1
体积比　A：B＝（2×2×2）：（1×1×1）
　　　　　　＝8：1

图形A相当于8个图形B

装水后的体积与水位

　　大家进澡盆泡澡的时候，有没有碰到过水满溢出的情况呢？发生这种情况的原因是原本澡盆中水的体积加上我们身体的体积，超过了澡盆的容积。

　　最先发现这个原理的人是生活在公元前 300 年左右的一位叫阿基米德的数学家。当时，国王给阿基米德一顶金制的王冠，命令他"在不损坏王冠的情况下，弄清楚其中是否混有银"。

因为金子比银子要重，所以即使体积相同，纯金的王冠也会比混杂了银的王冠更重。因此，只要测量出王冠的重量和体积，就能够知道其中是否混有银了。

可是这时候阿基米德犯难了：测量王冠的重量十分简单，可是王冠的体积应该如何测量呢？阿基米德日思夜想也想不出解决办法。就在这一天，他跳入澡盆准备洗澡的时候，看到洗澡水从澡盆中溢出，灵光一闪：只要利用溢水的原理，那么即使是形状复杂的王冠也能够测量出体积了！最终他利用这种方法成功地解决了国王提出的难题。

只要把物体放入水槽中，就能知道该物体的体积了。请大家也试试用同样的方法，去测量一下身边物体的体积吧！不管形状多复杂，都可以轻松测出结果！

使用水来测量物体体积的方法

❶

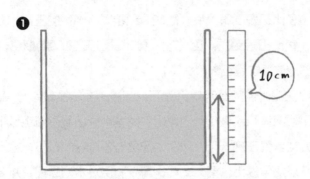

10cm

往水槽里装适量的水，测量
此时水的深度。

❷

往水槽中放入要测量体积的
物体。放入能够沉入水底、不
怕弄湿的物体，如玩具、鸡
蛋或者石头块等。要确保物
体完全浸没在水中。

❸

15cm

再次测量放入物体之后的水的深度. 计算增加的水的深度 × 水槽的底面积, 就能得出该物体的体积了.

如果水槽的底面积为 60 cm^2, 该物体的体积就是
60 cm^2 × 5 cm = 300 cm^3.

结束语

　　与读之前相比，大家阅读完这本书以后，对身边的几何图形一定有了更多角度的认识吧。希望大家今后也能够从更多的角度去观察身边的几何图形，如此一来，一定能够发现一些以前被忽视的东西。

　　不用局限于身边，这世上有各种各样的物品，有些物品的形状甚至无法通过肉眼直接看到。比如在"正六边形的奥秘"一小节出现的雪花结晶、钻石、飞机机体的蜂窝结构材料等，都是平时无法轻易看到的物品。但是，通过阅读本书，同学们已然知道了这些物品都是由正六边形排列组合而来的，并且掌握了正六边形由于结构紧凑的特点，所以十分结实等知识点。

　　那么，还有没有其他正六边形的物品呢？仔细找一找就能发现，大家平常使用的铅笔也常常是正六边形的呢。除此之外还有足球上的白色部分、球门上的网洞、螺丝钉……也都是正六边形的，这些物品肯定各有制作成该形状的理由吧。

　　还有许多图形是这本书中没有提到的，我希望大家能够自主地去学习那些图形以及其中所蕴含的美，拓展出属于自己的图形世界。如果这本书中的内容，能够给大家带来一定的启发，赋予大家探索图形世界的力量，那么我会感到无比荣幸和幸福。

筑波大学附属小学

中田寿幸

监修介绍

中田寿幸

　　1965 年生于东京，从小在千叶县松户市长大。小学、初中和高中都就读于千叶县的公立学校，大学毕业于千叶大学，之后分别于千叶县镰谷市公立小学和松户市公立小学担任教师，现任筑波大学附属小学教师，同时担任千叶县算友会代表、日本全国数学课程研究会常任理事、数学课程 ICT 研究会理事、骨干学术能力研究会负责人、日本数学教育学会研究部干事、双月刊《数学教学研究》编辑委员、学校图书数学教科书编辑委员。

Mr.Know All 浩瀚宇宙

小书虫读科学

月亮会不会掉下来

《指尖上的探索》编委会 组织编写

作家出版社

策划出品 悦读名品　图片服务 悦读名品 123RF

月球自古就被看作是一个神秘美丽的存在，承载着嫦娥奔月的美好愿望，又寄托着离家游子的辗转乡思。作为离地球最近的天体，它高悬于天际，夜间为人们照亮回家的路。本书针对青少年读者设计，图文并茂地介绍了以下这五部分内容：沉寂的月球、月球的地形地貌、月有阴晴圆缺、月球、太阳和地球、一步步走向月球。究竟月亮会不会掉下来呢？阅读本书，你可以自己探索出答案。

图书在版编目（CIP）数据

月亮会不会掉下来/《指尖上的探索》编委会编. --
北京：作家出版社，2015.11（2022.5重印）
　（小书虫读科学）
　ISBN 978-7-5063-8497-1

Ⅰ.①月… Ⅱ.①指… Ⅲ.①月球—青少年读物
Ⅳ.①P184-49

中国版本图书馆CIP数据核字（2015）第278700号

月亮会不会掉下来

作　　者	《指尖上的探索》编委会
责任编辑	杨兵兵
装帧设计	高高 BOOKS
出版发行	作家出版社有限公司
社　　址	北京农展馆南里10号　　**邮　编** 100125
电话传真	86-10-65067186（发行中心及邮购部）
	86-10-65004079（总编室）

E-mail:zuojia@zuojia.net.cn
http://www.zuojiachubanshe.com

印　　刷	北京盛通印刷股份有限公司
成品尺寸	163×210
字　　数	170千
印　　张	10.5
版　　次	2016年1月第1版
印　　次	2022年5月第2次印刷
ISBN	978-7-5063-8497-1
定　　价	33.00元

Mr.Know All
小书虫读科学

001.距离地球最近的天体是什么？

A.月球

B.太阳

C.北极星

002.月亮发出的光来自哪里？

A.自身燃烧

B.反射的太阳光

C.反射地球的光

003.下列哪一项不属于月球昼夜温差大的原因？

A.没有大气层

B.导热率小

C.距离太阳太近

004.月球表面的重力是地球的多少？

A.1/5

B.1/6

C.1/7

005.我们在地球上看到的月球的位置，是怎样变化的？

A.每晚东升西落，位置也随季节的变化而变化

B.固定不变，一直在头顶上

C.总在东方

006.关于月球与地球之间的关系，下列哪一项是错误的？

A.月球是地球唯一的一颗天然卫星

B.月球绕着地球旋转

C.月球在地球和太阳之间

007.关于月球与地球之间的距离，下列哪一项是错误的？

A.平均距离是 363 300 千米

B.平均距离约为 384 401 千米

C.最远的时候则达到405 500 千米

008.月球的轨迹是什么样的？

A.正圆形

B.椭圆

C.接近椭圆形

009.下列哪一种假说认为月球是被地球甩出去的部分变成的？

A.分裂说

B.同源说

C.大碰撞说

010.下列哪一种假说认为月球是被地球的引力俘获而成为地球的卫星的？

A.俘获说

B.同源说

C.大碰撞说

011.下列哪一种假说认为地球和月球是同时形成星体的？

A.俘获说

B.同源说

C.大碰撞说

012.下列哪一种假说认为月球是地球遭遇小行星碰撞之后，一部分抛射到太空中形成的？

A.分裂说

B.同源说

C.大碰撞说

013.月球是什么形状的？

A.弯钩状的

B.圆盘状的

C.球形的

014.月球的直径与地球的直径相比，是怎样的？

A.是地球直径的 4 倍

B.约是地球直径的 1/4

C.是地球直径的 1/40

015.月球的体积与地球体积相比，是怎样的？

A.约是地球体积的 1/49

B.是地球体积的 1/14

C.是地球体积的 1/400

016.月球的表面积有多大？

A.是地球表面积的 14 倍

B.大约 3 800 万平方千米

C.是亚洲面积的 4 倍

017.月球的质量相当于地球质量的多少？

A.1/8

B.1/18

C.1/80

018.万有引力定律是谁发现的？

A.牛顿

B.伽利略

C.爱因斯坦

019.地球的质量是如何算出来的？

A.用"曹冲称象"的方法

B.用估算法

C.利用万有引力定律

020.月球运动的向心力是什么？

A.万有引力

B.惯性力

C.拉力

021.月全食时，观看到的月球是什么颜色的？

A.橙红色

B.蓝色或绿色

C.黄色

022."阿波罗 16 号"运载火箭飞往月球时，宇航员在太空中看到的月球是什么颜色的？

A.淡淡的黄色或银白色

B.橙红色

C.蓝色

023.宇航员杜克踏上月球时，看到的月球是什么颜色的？

A.橙红色

B.淡淡的黄色或银白色

C.灰色

024.月球自身是五彩的吗？

A.是

B.不是

025.迄今为止关于月球的年龄最精确数据是多少？

A.45.27 亿年

B.4.45 亿年

C.45 亿年

026.德、英两国科学家的数据支持了下列哪种学说？

A.分裂说

B.俘获说

C.大碰撞说

027.关于大碰撞理论，下列哪一项是正确的？

A.月球地球的年龄相近

B.月球的年龄远远大于地球

C.地球的年龄远远大于月球

028.卡内基科学研究所的科学家认为月球的年龄为多少？

A.约 45.27 亿年

B.约 44.5 亿年

C.约 4.5 亿年

029.地球自转时，我们没有一头掉进茫茫的宇宙中，是因为什么？

A.因为地球对我们有引力

B.因为我们与地球之间有摩擦力

C.因为月球有重力

030.什么是月球的重力？

A.月球对月球上物体的引力

B.月球的万有引力

C.月球的磁力

031.同一物体在月球上的重力与在地球上重力相比，怎么样？

A.在月球上的重力是在地球上重力的6倍

B.在月球上的重力只有地球上重力的1/6

C.在月球上的重力只有地球上重力的1/16

032.宇航员在月球上行走很轻松的原因是什么？

A.月球上没有重力

B.月球上的重力比地球上小

C.月球上没有空气

033.关于地球大气层的作用，下列哪一项是错误的？

A.它为地球上的生物提供了赖以生存的氧气

B.在地球上形成了风雨雷电，把地球环境塑造得不适合生物生存

C.如同防护罩一样，庇护着地球居民免受来自外太空的各种威胁

034.月球周围有气体存在吗？

A.有

B.没有

035.月球周围的气体不可能来自哪里？

A.月球岩石中的放射性元素衰变释放出来的气体

B.撞击月球表面的微陨石、太阳风与阳光相互作用释放出的气体

C.月球用引力捕获外太空的气体

036.月球的气体会逃逸到太空中的原因是什么？

A.月球质量小，引力小

B.月球上的气体成分不稳定

C.月球上的气体比较轻

037.月球上为什么没有风？

A.因为月球上几乎没有空气

B.因为月球上没有太阳辐射

C.因为月球上的空气不能流动

038.雨是怎样形成的？

A.水蒸气上升到高空之后遇冷变成小水滴降落下来形成的

B.水蒸气在高空遇冷变成小冰晶落下来形成的

C.水蒸气到低空遇冷变成小冰晶，降落下来形成的

039.霜是怎样形成的？

A.水蒸气上升到高空之后遇冷变成
小水滴降落下来形成的

B.水蒸气在高空遇冷变成小冰晶落
下来形成的

C.水蒸气到低空遇冷变成小冰晶，
降落下来形成的

040.雪是怎样形成的？

A.水蒸气上升到高空之后遇冷变成
小水滴降落下来形成的

B.水蒸气在高空遇冷变成小冰晶落
下来形成的

C.水蒸气到低空遇冷变成小冰晶，
降落下来形成的

041.动植物的生存离不开哪些因
素？

A.阳光、土壤和空气

B.阳光、空气和水

C.阳光、水和土壤

042.下列哪一项不是动植物不能在
月球上生存的原因？

A.月球上没有阳光

B.月球上没有大气和云层，日夜温
差大

C.月球上没有充足的液态水

043.动植物乃至人类在月球上生
存，需要解决的问题，不包括
下列哪一项？

A.缺水的问题

B.几乎没有空气的问题

C.缺乏日光照射

044.关于月球上的温度，下列哪一
项是错误的？

A.白天炎热

B.白天寒冷

C.晚上寒冷

045.从月球上采集的月球岩石标本
是什么样的？

A.湿润的

B.潮湿的

C.异常干燥的

046.科学家们如何证明月球上存在
水的可能性？

A.因为环境更恶劣的水星存在水的
可能性，因此确定月球上存在水

B.科学家用雷达探测，接收到了月
球两极永久阴影区的回波，这些回
波可能是厚冰层反射出来的

C.科学家用传感卫星撞击月球，发
现了水

047.月球上到底有没有水？

A.毫无疑问月球上没有水

B.月球上有一点点水，能比最干燥的沙漠稍微潮湿一点

C.月球上存在水的可能性很大

048.LCROSS 计划发现了什么？

A.月球南极永久阴影区的凯布斯环形山

B.大量尘埃和碎片

C.水冰

049.下列哪一项不属于人类生存必需品？

A.空气

B.水

C.煤炭

050.作为生存条件，下列哪一项要求在月球上基本能够达到？

A.空气

B.水

C.重力

051.月球上的"空气"不包含下列哪种元素？

A.氦

B.铁

C.钠

052.月球的温差能达到多少？

A.310℃

B.127℃

C.183℃

053.下列哪一项不是声音形成的条件？

A.空气和水

B.传播声波的介质

C.发出震动的声源

054.月球上之所以没有声音是因为什么？

A.月球上没有风雨雷电

B.月球上没有空气

C.月球上没有人

055.当宇航员们登陆月球时，如何解决月球上没有空气无法传声的问题？

A.不说话，打手势

B.用无线电通信器交流

C.用手机打电话

056.月球上可能发生下列哪种震动？

A.风雨雷电的震动

B.火山喷发的震动

C.海浪拍岸的震动

057.月球夜晚的温度最低可以达到
多少摄氏度？

A.-183 摄氏度

B.-100 摄氏度

C.-127 摄氏度

058.白天月球的温度可以达到多少
摄氏度？

A.183 摄氏度

B.127 摄氏度

C.100 摄氏度

059.地球上，正常大气压情况下，
水的沸点是多少摄氏度？

A.183 摄氏度

B.127 摄氏度

C.100 摄氏度

060.下列哪一项不是月球日夜温差
很大的原因？

A.月球上没有大气，白天太阳给予
月球表面的热量，到了晚上无法存
储下来

B.月球表面的物质也不容易存储热
量，吸收热量快，释放也很快

C.月球是个寒冷的地方

061.下列哪一项是月球上有日出日
落的原因？

A.月球的公转

B.太阳的自转

C.月球的自转

062.下列哪一项不是月球日出的情
景？

A.太阳刚刚露出一角，黑暗一扫而
空，光明瞬间莅临

B.会有地球上那般灿烂的朝霞

C.从太阳露出到整个升起持续 1 个
小时左右

063.下列哪一项不是月球日落的情
景？

A.太阳整个落下之后，天空依旧光亮

B.太阳一旦整个落下，月球立即笼
罩在一片无边的黑暗中

C.月球表面的温度会持续下降

064.下列哪一项是月球上的日出日
落与地球上差别很大的原因？

A.月球离太阳更远

B.月球上几乎没有大气

C.月球是地球的卫星

065.月球上一个白天与黑夜的交替
需要多少时间？

A.23 小时 54 分 04 秒

B.27.32 小时

C.27.32 天

066. 地球上的蓝天白云和一闪一闪的星星是什么原因带来的景观？

A. 地球上有水

B. 大气层对光的折射、反射等作用

C. 地球上有云、雾、雨、雪

067. 下列哪一项不是月球夜晚的情景？

A. 月球表面物质的保温能力差，这里的气温下降得很慢

B. 太阳刚刚全部落下，月球上漫长而严寒的夜晚就开始了

C. 在漆黑的夜幕中，也悬挂着一轮硕大的"明月"

068. 夜晚挂在月球上空的"明月"是什么？

A. 月球的卫星

B. 地球的卫星

C. 地球

069. 首次发现月球可能是空心的是下列哪艘飞船？

A. "阿波罗11号"

B. "阿波罗12号"

C. "阿波罗13号"

070. "阿波罗11号"登月舱撞击月球形成的震波持续了多久？

A. 5分钟

B. 15分钟

C. 1小时

071. "阿波罗12号"是什么时候升空的？

A. 1969年11月

B. 1970年11月

C. 1971年11月

072. 金属铱、锆等要与岩石融合至少需要多高的温度？

A. 3 000摄氏度

B. 4 500摄氏度

C. 6 000摄氏度

073. 月球上的铁在地球上不会生锈，主要是什么原因？

A. 真空环境没有氧气

B. 太阳风冲刷带走了铁表面氧原子

C. 科学家给它镀了一层保护膜

074. 科学家计划怎样提高钢铁的抗锈性能？

A. 从月球上大量获取铁粒子

B. 模拟太阳风冲击钢铁表面

C. 把地球上铁送到月球上去

075.太阳风带走了铁表面的什么原子？

A.氧原子

B.铁原子

C.氢原子

076.太阳风是什么？

A.从太阳刮来的风

B.刮向太阳的风

C.太阳日冕层高能粒子流喷发

077.月球上现在有磁场吗？

A.有

B.几乎没有

078.行星的磁场是如何产生的？

A.流动的铁质内核产生感应电流

B.自转产生

C.公转产生

079.月球磁场是怎样形成的？

A.铁质内核产生的磁感应电流

B.放射性元素的崩溃

C.月核内电流的磁化作用

080.月球形成历史上曾经有过磁场的证据是什么？

A.被磁化的月岩

B.月球的铁质内核

081.关于艾托肯盆地，下列哪一项是错误的？

A.它是月球上最大的陨石坑

B.它是太阳系第二大陨石坑

C.它是太阳系第一大陨石坑

082.艾托肯盆地的深度达到多少？

A.2 240 千米

B.13 千米

C.23 千米

083.月球表面比较亮的被称为什么？

A.高地

B.月海

C.月山

084.月海里有没有海水？

A.有

B.没有

085.月球是一个标准圆球吗?

A.是

B.不是

C.目前无法测量

086.月球球体总共分为几层?

A.2 层

B.3 层

C.4 层

087.最初形成的月壳大约冷却了多少年?

A.1 亿年

B.5 亿年

C.10 亿年

088.月球的正面和背面哪里月壳厚一点?

A.正面厚

B.背面厚

C.两面一样厚

089.月壤最厚可以达到多少米?

A.五六米

B.50 米左右

C.500 米左右

090.关于月壤,下列哪一项是正确的?

A.月壤中没有什么资源

B.月壤的分布有薄有厚

C.组成月壤的月颗粒平均直径大于 5 毫米

091.月壤颗粒的平均直径有多大?

A.1 毫米以内

B.1 厘米以内

C.1 微米左右

092.月壤中含量最多的物质是什么?

A.硫化镁

B.四氧化三铁

C.二氧化硅

093.下列哪一项是构造运动的主要形式?

A.地震

B.风化作用

C.水的冲刷

094.月球内部和地球内部温度相比哪一个较高?

A.月球高

B.地球高

C.一样高

095.月球上的地震大都是几级？

A.2 级以下

B.6 级以上

C.8 级以上

096.月球上为什么没有风化作用？

A.月球上大陆板块较少

B.月球上空气太过稀薄

C.月球上没有水

097.月球最表面的一层是什么？

A.月核

B.月幔

C.月壤

098.月幔最深大约可以达到多深？

A.100 千米

B.1 000 千米

C.10 000 千米

099.月幔的主要成分是什么？

A.斜长石

B.基性岩和超基性岩

C.橄榄石和辉石

100.月壳和月幔之间的分界如何划分？

A.有清晰的分界线

B.没有清晰的分界线，中间有过渡层

C.中间有碎石进行区分

101.月核的温度有多高？

A.3 000℃

B.1 000 ~ 1 500℃

C.6 680℃

102.月核和地核相比哪一个温度高？

A.月核高

B.地核高

C.一样高

103.月核是熔融态或液态的吗？

A.是

B.不是

C.尚未证实

104.月球和地球哪一个冷却速度快？

A.月球快

B.地球快

C.两者一样快

105.环形山理论是由谁提出来的？

A.牛顿

B.伽利略

C.爱因斯坦

106.最小的环形山有多大？

A.几十毫米

B.几十厘米

C.几十分米

107.最大的环形山直径有多大？

A.295 米

B.295 千米

C.29.5 千米

108.关于环形山的成因目前科学界有几种说法？

A.2 种

B.3 种

C.4 种

109.距今 40 亿～39 亿年前的那次事件被称为什么？

A."雨海事件"

B."云海事件"

C."月海泛滥"

110."雨海事件"是什么？

A.月球受到陨石撞击形成原始月海盆地

B.月球上的某次大暴雨

C.玄武岩岩浆填满整个原始月海地区

111.月球上已知的月海一共有多少个？

A.20 个

B.21 个

C.22 个

112.风暴洋的面积一共有多大？

A.50 万平方千米

B.500 万平方千米

C.5 000 万平方千米

113.下列哪一项是月球上最大的月谷？

A.莫西拉米月谷

B.里塔月谷

C.阿尔卑斯大月谷

114.阿尔卑斯大月谷的宽度有多少？

A.130 千米左右

B.12 千米左右

C.40 千米左右

115.月球上的岩浆主要是下列哪种岩石？

A.玄武岩

B.长石岩

C.石灰岩

116.月球上名气最大的是下列哪个月谷？

A.里塔月谷

B.莫西拉米月谷

C.阿尔卑斯大月谷

117.月面辐射纹和下列哪一项紧密相连？

A.环形山

B.月谷

C.月海

118.第谷环形山的辐射纹最长的有多长？

A.18 千米

B.180 千米

C.1 800 千米

119.关于月面辐射纹形成理论，下列哪一项是正确的？

A.陨石撞击说

B.火山喷发论

C.尚未有定论

120.月面辐射纹的形状是怎样的？

A.放射性的直线

B.一圈一圈的圆

C.不规则的曲线

121.下列哪一项与月球上的火山无关？

A.环形山的形成

B.月面辐射纹

C.地球上的潮汐

122.月球上火山的年龄大都在多少年？

A.30 亿～40 亿年

B.3 亿～4 亿年

C.300 万～400 万年

123.月球上最近喷发的火山距今多少年了？

A.300 万～400 万年

B.1 亿年

C.30 亿年

124.地球上的火山年龄大都为多少年？

A.300 万～400 万年

B.30 万～40 万年

C.10 万年以内

125.克里普岩的名称中不包含下列哪种元素？

A.稀土元素

B.钾元素

C.铁元素

126.稀土元素由多少种元素组成？

A.16 种

B.17 种

C.18 种

127.世界上稀土元素储量最丰富的是下列哪个国家？

A.中国

B.英国

C.美国

128.关于克里普岩，下列哪一项是正确的？

A.克里普岩仅由钾和磷组成

B.克里普岩中包含大量的铀、钍放射性元素

C.克里普岩在月球上较为稀少

129.月陆的面积大还是月海的面积大？

A.月陆大

B.月海大

C.一样大

130.月海的面积在月球哪个面的分布多？

A.正面

B.背面

C.两面差不多

131.地球上最古老岩石的年龄有多大？

A.31 亿 ~ 39 亿年

B.38 亿年

C.42 亿 ~ 43 亿年

132.月陆地壳中三氧化二铝含量有多高？

A.6%

B.25%

C.50%

133.月球上的最高峰有多高？

A.8 844 米

B.9 840 米

C.8 000 米

134.下列哪一项是月球上最长的山脉？

A.高加索山脉

B.阿尔卑斯山脉

C.亚平宁山脉

135.月球上 5000 米以上的山峰有
    几座？

    A.6 座
    B.80 座
    C.86 座

136.月球上山峰的哪一侧坡度较
    大？

    A.靠近月海的一侧
    B.月海的另一侧
    C.两侧坡度差不多

137.玻璃状物质主要和下列哪种元
    素有关？

    A.铁
    B.铜
    C.硅

138.形成玻璃状物质的原料主要来
    自哪里？

    A.外太空
    B.月球表面
    C.地球

139.月球形成说的缺陷是什么？

    A.年代太过于久远
    B.无法解释成片存在的原因
    C.温度达不到要求

140.岩浆海洋存在于月球的什么时
    期？

    A.初期
    B.中期
    C.末期

141.阿姆斯特朗在月球上捡起的第
    一块石头有多少年历史了？

    A.36 亿年
    B.46 亿年
    C.53 亿年

142.关于月壤形成的原因，下列哪
    一项是错误的？

    A.来自遥远外太空
    B.陨石撞击
    C.风化作用

143.关于月壤，下列哪一项是正确
    的？

    A.所有月壤都来自月球自身
    B.有些月壤的年龄比月岩的年龄还
      要大
    C.月壤的年龄都比地球上的岩石小

144.月球上的"高龄"岩石主要出
    现在哪里？

    A.月面上较"久远"的地方
    B.月面上较"年轻"的地方

145.发现月表温度异常的是哪架飞船？

A."阿波罗 5 号"

B."阿波罗 10 号"

C."阿波罗 15 号"

146.关于月心，下列哪一项是错误的？

A.月球核心温度十分平缓

B.月球核心温度极高

C.月球核心温度比地心低

147.月球表面放射性的土壤有多厚？

A.8 米

B.12.8 千米

C.8 千米

148.月球表面高温来源于哪里？

A.月球核心的高温

B.太阳照射

C.月球表面的放射性物质

149.月球形成初期的温度是多少？

A.1 000℃左右

B.1 500℃左右

C.2 000℃左右

150.月球第一次大规模岩浆活动发生在什么时候？

A.距今 41 亿年前

B.约 40 亿年前

C.约 39 亿年前

151.第一次大规模岩浆活动停止到再次熔化有多长时间？

A.5 亿年

B.3 亿年

C.不到 1 亿年

152.雨海事件发生在什么时候？

A.约 38 亿年前

B.约 39 亿年前

C.约 40 亿年前

153.是谁在月球上发现了水汽团？

A."阿波罗 15 号"

B."阿波罗 16 号"

C."阿波罗 17 号"

154.月球上发现的水汽团有多大规模？

A.大约 25.9 平方千米

B.大约 259 平方千米

C.大约 2 590 平方千米

155.后来在月球上发现的水是什么形态的？

A.气态

B.液态

C.固态

156.关于月球上的水，下列哪一项是错误的？

A.月球上从来就没有过水

B.月球上曾有过神秘的"水汽团"

C.月球上的水逐渐流失是因为它的引力小

157.关于氦-3，下列哪一项是错误的？

A.清洁

B.高效

C.地球上储量丰富

158.多少氦-3可以供应地球一年的能量需求？

A.100 吨

B.10 000 吨

C.100 万吨

159.月球上可供开采的氦-3一共有多少？

A.100 万 ~ 500 万吨

B.1 000 万吨

C.10 000 万吨

160.氦-3是如何产生能量的？

A.通过核裂变

B.通过核聚变

C.通过燃烧

161.月晕是月光遇到什么云形成的？

A.火烧云

B.卷层云

C.积雨云

162.月晕出现一般会出现什么天气？

A.晴天

B.降雨

C.刮风

163.卷层云有什么特点？

A.有大量雨水

B.有大量六边形冰晶

C.云层较厚

164.如何根据月晕来判断风的方向？

A.月晕的缺口方向和风向相同

B.月晕消散的方向和风向相同

C.没有规律，无法判断

165.所有人都认同月球在自转吗？

A.是的

B.不是，甚至有专业人士认为月球不自转

C.无法进行统计

166.永远朝向地球的这一面被称为什么？

A.正面

B.阳面

C.阴面

167.月球的自转周期和公转周期哪一个更长？

A.自转周期长

B.公转周期长

C.一样长

168.关于月球自转，下列哪一项是错误的？

A.月球的自转周期和公转周期相同

B.在地球上我们可以看到月球的多个侧面

C.行星－卫星体系中有许多星球的自转周期和公转周期相同

169.在地球上可以看到月球上多大的面积？

A.约50%

B.约59%

C.约69%

170.解开月球自转奥秘的关键是什么？

A.天平动

B.日食

C.月食

171.造成月球重心外偏的力是什么？

A.地球的引力

B.太阳的引力

C.离心力

172.月球自转的"动力"是什么?

A.地球的引力

B.离心力

C.地球的引力和离心力

173.月球的自转轴是什么?

A.地心

B.地球自转轴

C.月球自身的自转轴

174.月球的自转周期为多长时间?

A.27.32 天

B.365 天

C.366 天

175.月球的自转周期同恒星月相同是它独特的特点吗?

A.是

B.不是

176.自转周期和恒星月相同是什么作用的结果?

A.行星对卫星长期的潮汐作用的结果

B.卫星生来就是如此

C.卫星是由行星分离出去的

177.人们在地球上观察月球的时候，能看到月球的全部面目吗?

A.不能，只能看到月球的正面

B.不能，但是能看到月球的绝大部分

C.能看到月球的全部

178.人们在地球上看不到月球的另一面的原因是什么?

A.月球绕地球公转周期与月球自转周期同步

B.月球绕太阳公转周期与月球自转周期同步

C.地球绕太阳公转周期与月球自转周期同步

179.起初人们是如何解释看不到月球的背面的?

A.月球只绕着地球公转，自身并不自转

B.月球只绕着地球公转，自身自转

C.月球绕着太阳公转，自身自转

180.从地球上观测月球可以看到月球表面积的多少?

A.50%

B.59% 左右

C.100%

181.月球一共有几种天平动？

A.1 种

B.2 种

C.4 种

182.下列哪种天平动是"真动"？

A.纬天平动

B.周日天平动

C.物理天平动

183."纬天平动"摆动的角度为多大？

A.6 度 57 分

B.7 度 54 分

C.8 度 54 分

184.下列哪一项不是月球上没有四季的主要原因？

A.月球上没有大气

B.月球的个头太小

C.月球上的"1 年"相当于地球上的400 年

185.形成地球四季的主要原因是什么？

A.黄赤夹角的存在

B.地球自转

C.月球的影响

186.地球上的黄赤夹角有多大？

A.1.5424 度

B.23 度 26 分

C.0 度

187.月球的黄赤夹角为多大？

A.23 度 26 分

B.1.5424 度

C.23.5424 度

188.第一张月球背面照片是下列哪个国家拍摄的？

A.美国

B.苏联

C.中国

189.人类第一次看到月球背面是在什么时候？

A.1959 年

B.1969 年

C.1979 年

190."阿波罗计划"是下列哪个国家的？

A.英国

B.美国

C.苏联

191.到目前为止有多少位宇航员登上了月球？

A.17 位

B.20 位

C.25 位

192.关于白道，下列哪一项是正确的？

A.月球在绕地球公转时形成的轨道平面与天球相交的大圆

B.月球自转形成的轨道平面与天球相交的大圆

C.月球在绕太阳转时形成的轨道平面与天球相交的大圆

193.月球的公转平面和地球的公转平面是怎样的关系？

A.同一个平面

B.有一个夹角

C.相互平行

194.月球和地球的公转不在一个平面直接影响了下列哪一项？

A.地球的温度

B.日食和月食的出现频率

C.地球的四季

195.关于"天球"，下列哪一项是错误的？

A.它是一个假想的球

B.它是一个实际存在的球

C.它的半径无限大

196.白道和黄道之间的夹角有多大？

A.5 度 9 分

B.1 度 32 分

C.0.153 6 分

197.白道和黄道交点是如何旋转的？

A.逆时针

B.顺时针

C.不规则旋转

198.白道面和地球赤道之间的夹角最大为多少？

A.5.9 度

B.18.6 度

C.28.6 度

199.章动的大小为多大？

A.±0.153 6 分

B.±0.153 7 分

C.±0.153 8 分

200.农历初一的月球被称为什么？

A.朔

B.上弦月

C.下弦月

201.农历十五的月球被称为什么？

A.朔

B.望

C.新月

202.月球阴晴圆缺一个周期是多久？

A.1 天

B.1 个农历月

C.1 年

203.农历初一的时候月球运动到了哪里？

A.地球和太阳之间

B.地球的侧面

C.地球的背面

204.2005 ~ 2014 年期间农历八月十五月亮正圆的有几次？

A.1 次

B.4 次

C.5 次

205.2005 ~ 2014 年期间农历八月十七月亮正圆的有几次？

A.5 次

B.4 次

C.1 次

206.阴历是以什么为依据制定的？

A.月相变化规律

B.太阳运动轨迹

207.农历十五的月球最晚会在什么时候圆？

A.十六晚上

B.十七早上

C.十七晚上

208.月交点一共有几个点？

A.1 个

B.2 个

C.3 个

209.月球穿越黄道进入北方的交点被称为什么？

A.升交点

B.降交点

C.南交点

210. "新月"的时候月球经过月交点会发生什么？

A.日食

B.月食

C.地震

211.月球经过交点发生月食是什么时候？

A.上弦月和下弦月

B.新月

C.满月

212.月球上反射光的形式是什么？

A.镜面反射

B.漫反射

C.衍射

213.月光的亮度平均达到太阳光的多少？

A.1/375 000

B.1/630 000

C.1/465 000

214.月球大约吸收了多少照在它身上的太阳光？

A.7%

B.93%

C.9.3%

215.月球上哪一部分反光率较低？

A.月海

B.高地

C.环形山

216.太阳光是由几种颜色的光组成的？

A.5 种

B.6 种

C.7 种

217.天空为什么是蔚蓝的？

A.因为空中的尘埃反射了蓝色光

B.因为空中的尘埃折射了蓝色光

C.因为大气中的尘埃散射了蓝紫光

218.太阳光的原色光中哪种波长最长？

A.红光

B.蓝光

C.紫光

219.下列哪一项属于短波光？

A.红光

B.白光

C.蓝紫光

220."阴晴圆缺"和月食是什么关系？

A.没有任何关系

B.是一回事

C.都表现为月相的变化，但并不是一回事

221.中国古代是如何认识月食的？

A.认为是地球挡住了太阳光

B.认为是"天狗在吃月亮"

C.认为是神明把月光收走了

222.哥伦布是如何脱困的？

A.利用先进的武器

B.利用月食的天文知识

C.利用对地形的熟识

223.月食的时间一般持续多久？

A.几个小时

B.几天

C.几个月

224.世界上最早关于月食的记录出现在什么时候？

A.中国汉代

B.公元前 2283 年

C.公元前 1283 年

225.中国关于月食的最早记录是由谁完成的？

A.张衡

B.祖冲之

C.郭守敬

226.为什么折射望远镜不是观测月食的理想设备？

A.倍数低

B.有色差

C.不够明亮

227.下列哪种望远镜观测月食的效果最好？

A.折射望远镜

B.双筒望远镜

C.反射望远镜

228.月食大体可分为几种情况？

A.2 种

B.3 种

C.4 种

229.什么标志着月食的开始？

A.初亏

B.食甚

C.复圆

230.什么标志着月食的结束?

A.食甚

B.食分

C.复圆

231.月食的程度用什么来表示?

A.食分

B.亮度

C.月食经历的时间

232.下列哪一项的发生概率最小?

A.月全食

B.月偏食

C.半影月食

233.月球第一次与"影子"内切被称为什么?

A.食既

B.食甚

C.生光

234.月球完全落入"影子"后我们还能看到月球吗?

A.只能看到轮廓

B.一点也看不到

C.有时看得到,有时看不到

235.关于月全食的食分,下列哪一项是正确的?

A.可能大于 1

B.小于 1

C.不可能等于 1

236.日食和月食是什么的结果?

A.光沿直线传播

B.光的折射

C.光的反射

237.日食分为几种?

A.2 种

B.3 种

C.4 种

238.日全食的观测时间不会超过多久?

A.7 分 30 秒

B.7 分 31 秒

C.7 分 32 秒

239.坐超音速飞机观测日食的天文学家观测时间有多长?

A.7 分 31 秒

B.12 分 24 秒

C.74 分钟

240.可以用眼睛直接观测日食吗？

A.可以

B.不可以

C.有时可以，有时不可以

241.下列哪一项在日食期间可以用来观测？

A.太阳镜

B.防风镜

C.焊接护目镜

242."水盆倒影法"可以用来观测日食吗？

A.可以

B.不可以

243.在观测日食时，下列哪种做法是错误的？

A.可以利用望远镜在地面的投影来观测

B.可以用望远镜直接观测

C.观测日食时可用电焊工用的焊接护目镜（14号或以上）保护眼睛

244.日全食开始时，月球从太阳面的哪个方向"侵入"？

A.东边缘

B.西边缘

C.东西两个方向都有可能

245.日全食从食既到生光一般要多久？

A.2 ~ 3 分钟

B.3 ~ 5 分钟

C.5 ~ 10 分钟

246.初亏之后是什么？

A.食既

B.食甚

C.生光

247.下列哪种日食最具有天文观测价值？

A.日偏食

B.日全食

C.日环食

248.贝利珠不可能在什么时候形成？

A.食甚

B.食积

C.生光

249.下列哪一项不是钻石环的组成部分？

A.贝利珠

B.色球层

C.太阳黑子

250.月球与地球的距离变大会导致什么结果？

　　A.日偏食不再出现

　　B.日环食不再出现

　　C.日全食不再出现

251.日环食的形状是什么样的？

　　A.钻石环

　　B.圆环

　　C.圆盘

252.与日全食相比，发生日环食时，月球离地球更近还是更远？

　　A.更近

　　B.更远

　　C.一样远

253.处在月球哪个阴影区的人能看到日环食？

　　A.伪本影

　　B.本影

　　C.半影

254.下列哪种日食更为罕见？

　　A.日全食

　　B.日环食

　　C.全环食

255.下列哪种日食最为常见？

　　A.日全食

　　B.日偏食

　　C.日环食

256.日偏食一共分为几个步骤？

　　A.2 个

　　B.3 个

　　C.4 个

257.什么标志着日偏食开始？

　　A.初亏

　　B.食甚

　　C.复圆

258.日食中食分有可能大于 1 的是哪一项？

　　A.日全食

　　B.日偏食

　　C.日环食

259.下列哪个国家对日食的观测时间最久？

　　A.英国

　　B.法国

　　C.中国

260. 中国古代留意和预报日食的机构是什么？

A. 观象台

B. 铜雀台

C. 凤凰台

261. 中国有文字记载的日食大约多少次？

A. 100 余次

B. 1 000 余次

C. 10 000 余次

262. 下列哪个地区的人们把日食看作是积极的暗示？

A. 大溪地

B. 中国

C. 法国

263. 下列哪一项不是地壳中含量较高的元素？

A. 氧

B. 硅

C. 金

264. 下列哪一项不是月壳中含量较高的元素？

A. 铀

B. 钾

C. 银

265. 下列哪一项不属于地球岩石的种类？

A. 岩浆岩

B. 斜长岩

C. 沉积岩

266. 月球上有几种矿物是地球上不曾拥有的？

A. 4 种

B. 5 种

C. 6 种

267. 潮汐是海水在哪个方向上的涌动？

A. 水平方向

B. 垂直方向

C. 没有特定方向

268. 潮汐按照周期分为几种？

A. 2 种

B. 3 种

C. 4 种

269. 中国渤海的潮汐属于下列哪种潮型？

A. 半日潮型

B. 全日潮型

C. 混合潮型

270.下列哪一项是引起潮汐的主力？

A.月球引力

B.太阳引力

C.地球引力

271.地震和潮汐有关联吗？

A.有

B.没有

C.尚未有定论

272.文章 69 中提到的联合研究小组不包括下列哪个国家？

A.日本

B.美国

C.中国

273.潮汐在地震现象的形成中起到了什么作用？

A.作用很小

B."压死骆驼的最后一根稻草"

C.没有作用

274.地震大都是由什么引起的？

A.大陆板块的碰撞

B.潮汐作用

C.火山作用

275.发生"超级月亮"时月球处于什么位置？

A.离地球最近的地方

B.离地球最远的地方

C.离地球适中的地方

276.月球离地球最远和最近的距离差多少？

A.15 万千米左右

B.10 万千米左右

C.5 万千米左右

277.2011 年出现的"超级月亮"亮度比平时提高了多少？

A.10%

B.20%

C.30%

278.2010 年到 2014 年出现了几次"超级月亮"？

A.1 次

B.3 次

C.5 次

279."超级月亮"会带来自然灾害的信息是从哪里传来的？

A.某些专家的口中

B.互联网上

C.报纸杂志上

280."超级月亮"主要引起下列哪一项的变化？

A.潮汐

B.地震

C.火山

281."超级月亮"会引发地球上大陆板块的移动吗？

A.会

B.不会

282."超级月亮"会让潮汐发生怎样的变化？

A.低潮更高，高潮更低

B.低潮、高潮都变高

C.低潮更低，高潮更高

283.下列哪一项是错误的？

A.月球让地球上四季的温度变化不再平稳

B.地球的自转速度会影响温差

C.月球对地球的引力使潮汐变化诞生

284.地球自转速度越快会出现什么情况？

A.一年没有温度变化

B.一年冬夏温差极大

C.会把月球甩出去

285.地月距离今后会如何变化？

A.越来越远

B.越来越近

C.保持不变

286.海水潮汐的变化对地球自转的影响是什么？

A.无影响

B.加快地球自转速度

C.降低地球自转速度

287.根据月球影响人体的理论，人在一个月的什么时候容易激动？

A.满月的时候

B.上弦月的时候

C.新月的时候

288.水分占人体的多少？

A.20%

B.60%

C.80%

289.每年3～7月的滑银汉鱼会在什么时候登滩产卵？

A.朔日的白天

B.满月的白天

C.朔日和满月的夜晚

290.科学家认为，胡萝卜最适合在下列哪种月相下撒种？

A.上弦月

B.下弦月

C.满月

291.月球半径约为地球半径的多少？

A.1/4

B.1/49

C.1/81

292.10 亿年前，地球自转一周大概需要多长时间？

A.18 个小时

B.24 个小时

C.30 个小时

293.月球和地球共同的引力中心位于哪里？

A.太空中

B.月球内部

C.地球内部

294.未来月球和地球的距离会怎样？

A.越来越远

B.越来越近

C.保持不变

295.月球距离地球最近时有多远？

A.40.5 万千米

B.38.4 万千米

C.36.3 万千米

296.距离地球最近的行星是哪一颗？

A.金星

B.火星

C.水星

297.光从月球到地球需要多久？

A.8 分多一点

B.8 秒左右

C.1.3 秒

298.太阳光从太阳到地球需要多久？

A.1.3 秒

B.8 秒左右

C.8 分多一点

299.月球所受离心力的方向是怎样的？

A.背离地球

B.朝向地球

C.方向不定

300.万有引力与下列哪一项成正比？

A.作用双方的质量

B.作用双方的距离

C.作用双方距离的平方

301.月球所受的万有引力方向是怎样的？

A.朝向东方

B.朝向西方

C.朝向地球

302.离心力的公式可能是下列哪一项？

$A. F=mv^2r$

$B. F=(mv)^2/r$

$C. F=mv^2/r$

303.月球靠近地球之后，来自地球的引力会如何变化？

A.变大

B.变小

C.不变

304.要达到与更大引力相平衡的离心力，月球公转速度应怎样变化？

A.不变

B.变慢

C.变快

305.月球靠近之后潮汐力会如何变化？

A.增大

B.减弱

C.不会变化

306.地球自转减慢之后一天的时间会如何变化？

A.减短

B.增长

C.不变

307.月球现在跑了，地球上还会有四季吗？

A.还会有四季

B.变成两季

C.只有一种季节

308.没有了月球还会有潮汐吗？

A.有，但变小很多

B.没有了，变得风平浪静

C.有，变得更加厉害

309.没有了月球，地球自转速度会怎么变化？

A.变快

B.变慢

C.不受影响

310.为什么把月球比喻为地球的盾牌？

A.为地球阻挡宇宙射线

B.为地球阻挡陨石的撞击

C.为地球遮挡毒辣的阳光

311.下列哪一项不是中国神话中月亮里的人物？

A.太上老君

B.嫦娥

C.吴刚

312.关于希腊神话中的月亮神，下列哪一项是错误的？

A.是宙斯的儿子

B.是宙斯的女儿

C.是错杀爱人后变成的

313.布依族的神话中远古时期天上有几个太阳？

A.1个

B.2个

C.9个

314.下列哪个神话故事不是跟月亮有关的？

A.月老牵红线

B.嫦娥奔月

C.吴刚伐桂

315.《神秘的宇宙》是谁的作品？

A.伽利略

B.开普勒

C.牛顿

316.日心说是谁提出的？

A.托勒密

B.伽利略

C.哥白尼

317.伽利略认为行星的轨道是怎样的？

A.椭圆的

B.正圆的

C.不规则的

318.传闻中，第一架望远镜是被谁制造出来的？

A.荷兰眼镜工人

B.伽利略

C.牛顿

319.美国"阿波罗 11 号"登月是在哪一年？

A.1969 年

B.1968 年

C.1967 年

320.美国"阿波罗 11 号"一共搭载了几名宇航员？

A.1 名

B.2 名

C.3 名

321."阿波罗 11 号"飞船的指挥长是谁？

A.阿姆斯特朗

B.奥尔德林

C.贝尔斯

322.第一个登上月球的是谁？

A.奥尔德林

B.阿姆斯特朗

C.贝尔斯

323.明朝的万户为什么被称为"用火箭飞行第一人"？

A.他发明了火箭

B.他第一次尝试用火箭推送升空

C.他成功利用火箭升空

324.万户座椅上的火箭被点燃后发生了什么？

A.火箭喷射，但座椅没有动

B.座椅成功升空

C.发生爆炸

325.记载中，万户为了"开天"一共用了多少个火箭？

A.47 个

B.57 个

C.67 个

326.以万户的名字命名的地形是什么？

A.环形山

B.陨石坑

C.月海

327."土星五"的运载能力有多大？

A.20 吨

B.50 吨

C.上百吨

328."阿波罗号"宇航员月面行走一步大约多远？

A.1 米左右

B.3 米左右

C.6 米左右

329.公布的月球照片上看不到星星，最可能是怎么回事？

A.拍摄时没有星星

B.照相机曝光时间短

C.照片造假

330.下列哪一项是在月球上美国国旗能够"飘扬"的解释？

A.月球上有少量的空气，形成了风，风吹动旗帜飘扬

B.登月舱喷出的气体吹动的结果

C.月球上为真空，抖到的旗帜没有阻力，完全静止下来，需要较长的时间，看起来就像"迎风飘扬"

331.文章84中提到宇航员的生命保障装置有多重？

A.15千克左右

B.90千克左右

C.115千克左右

332.在月球上使用下列哪种行走方式更好？

A.一步一步行走

B.跳跃式行走

C.匍匐前进

333.在月球上，宇航员不能利用什么行走？

A.双腿

B.航天飞船

C.月球车

334."阿波罗15号"宇航员驾驶月球车最远行进了多远？

A.27千米

B.35千米

C.72千米

335.加拿大科学家观测每年落到地球上的陨石大约有多少？

A.40块

B.200块

C.20 000块

336.陨石之乡位于哪里？

A.月球表面

B.地球和火星之间的小行星带

C.火星和木星之间的小行星带

337.目前全世界登记在册的陨石有多少？

A.40 000余块

B.20 000余块

C.10 000余块

338.全世界哪里被发现的月球陨石
    不能被交易？

A.南美洲

B.非洲

C.南极洲

339.声音是如何形成的？

A.振动

B.器官发出

C.摩擦

340.声音在下列哪种媒介中速度最
    慢？

A.固体

B.气体

C.液体

341.太空中可以产生声音吗？

A.可以

B.不可以

342.宇航员们在太空中主要利用什
    么沟通？

A.无线电通信器材

B.手势

C.唇语

343.首先实现人造物体登月成功的
    是下列哪个国家？

A.苏联

B.美国

C.中国

344.我国的探月计划被称为什么？

A.月球女神

B.B 计划

C.嫦娥工程

345."月球二号"登月之后苏联在
    之后的 20 年进行了几次探月
    活动？

A.20 次

B.29 次

C.39 次

346.首先实现载人登月的飞行器名
    称是什么？

A."月球二号"

B."阿波罗 11 号"

C."阿波罗 17 号"

347.中国的探月计划从什么时候启
    动的？

A.2001 年

B.2003 年

C.2004 年

348. "嫦娥一号"是在什么时候发射成功的?

A.2004 年

B.2007 年

C.2009 年

349. 2010 年发射的是嫦娥几号?

A."嫦娥一号"

B."嫦娥二号"

C."嫦娥三号"

350. "嫦娥三号"上月球车叫什么名字?

A."嫦娥号"

B."玉兔号"

C."吴刚号"

351. 1959 年,苏联发射了几个月球探测器?

A.1 个

B.2 个

C.3 个

352. "月球一号"是什么结局?

A.撞到月球上

B.从月球上方划过,逃逸到太空中

C.返回地球

353. "月球二号"的着陆方式是怎样的?

A.硬着陆

B.软着陆

C.并未成功着陆

354. 下列哪个探测器第一次拍摄月球背面的照片?

A.月球一号

B.月球二号

C.月球三号

355. 运载火箭最先被丢弃的是下列哪一级?

A.一级

B.二级

C.三级

356. 登月舱登陆月球后,母船在什么地方?

A.返回地球

B.落在月球上

C.在绕月轨道中

357. 登月舱的哪一部分会被丢弃在月球上?

A.上升级

B.下降级

C.全部

358.载人登月飞船回到地球上的是下列哪部分？

A.服务舱
B.指令舱
C.登月舱

359.下列哪一项是《月球协定》所禁止的？

A.在月球上建立基地
B.在月球上建立军事基地
C.探测月球资源

360.关于月球的利用开发，下列哪一项是错误的？

A.可进行军事基地设置
B.月球只能被用于和平意义的开发
C.可进行核武器开发

361.关于《月球协定》，下列哪一项是错误的？

A.可在月球上使用大规模杀伤性武器
B.月球属于全人类

362.中国签署《月球协定》了吗？

A.签署了
B.尚未签署

363.以下曾经发生事故的飞船是阿波罗几号？

A."阿波罗11号"
B."阿波罗13号"
C."阿波罗17号"

364."阿波罗13号"一共搭载了几名宇航员？

A.1名
B.2名
C.3名

365."阿波罗13号"发生爆炸的是几号储氧舱？

A.1号
B.2号
C.3号

366."阿波罗13号"发生事故时，美国发出请求后有几个国家第一时间做出回应？

A.10个
B.11个
C.13个

367. 出现伤亡事故的是下列哪艘飞船?

A. "阿波罗 1 号"

B. "阿波罗 2 号"

C. "阿波罗 3 号"

368. "阿波罗 1 号"事故中一共导致多少名宇航员丧生?

A.1 名

B.2 名

C.3 名

369. "阿波罗 1 号"的 3 名宇航员最终死因是什么?

A.高温炙烤

B.窒息

C.爆炸

370. "阿波罗计划"一共耗资多少钱?

A.200 亿美元

B.250 亿美元

C.255 亿美元

371. 巅峰时期,阿波罗计划一共有多少人参加?

A.30 万

B.20 万

C.10 万

372. 下列哪一项不属于登月计划的好处?

A.获取信息时代的主动权

B.发展高新科技

C.发展传统行业

373. "阿波罗计划"最多时候有多少科研机构加入?

A.30 个

B.80 个

C.50 个

374. "阿波罗计划"进行了多久?

A.9 年

B.10 年

C.11 年

375. "阿波罗计划"是在哪一年结束的?

A.1971 年

B.1972 年

C.1973 年

376. 苏联在 1959 年发射了几个探测器?

A.1 个

B.2 个

C.3 个

377.世界上第一个进行太空旅行的是谁？

A.阿姆斯特朗

B.加加林

C.杨利伟

378.被苏联寄予厚望的运载火箭是什么？

A.N1

B.N2

C.N3

379.美国的登月运载火箭是什么？

A.苏联的 N1

B.土星五号

C.水星五号

380.苏联运载火箭 N1 最后的结局是什么？

A.全部被销毁

B.最后被苏联完善了

C.被卖给了美国公司

381.月球蕴含的资源不包括下列哪一项？

A.氦-3

B.稀土元素

C.水

382.为什么说月球是理想的天文观测站？

A.月球离宇宙更近

B.月球没有大气层

C.月球上比较安静

383.月球有潜力成为天然的完美试验场的特殊条件最不可能的是哪一项？

A.真空环境

B.重力比地球低很多

C.有一面背对地球

384.月球上富含的高效能源是什么？

A.煤

B.石油

C.氦-3

385.月球上采矿面临的风险不包括下列哪一项？

A.超强的宇宙射线

B.可能坠落的小天体

C.自转周期较长

386.月球的氦-3含量足够地球上用多少年?

A.至少1万年

B.10万年

C.100万年

387.下列哪一项不属于探月采矿的难题?

A.供给困难

B.矿脉稀少

C.宇宙射线太强

388.下列哪一项不是月球上的矿产资源?

A.铁矿

B.稀土元素

C.贵金属

389.月球的水资源在哪里?

A.两极地区

B.环形山

C.月海

390.下列哪一项不是地球不堪重负的表现?

A.资源枯竭

B.人口衰减

C.灾难频发

391.月壤中富含下列哪种元素?

A.金元素

B.铜元素

C.氧元素

392.移民月球不用多加考虑下列哪个难题?

A.能源问题

B.月表辐射

C.运输问题

001	002	003	004	005	006	007	008	009	010	011	012	013	014	015	016
A	B	C	B	A	C	A	C	A	A	B	C	C	B	A	B
017	018	019	020	021	022	023	024	025	026	027	028	029	030	031	032
C	A	C	A	A	C	C	B	A	C	A	B	A	A	B	B
033	034	035	036	037	038	039	040	041	042	043	044	045	046	047	048
B	A	C	A	A	A	C	B	A	C	B	C	B	C	C	C
049	050	051	052	053	054	055	056	057	058	059	060	061	062	063	064
C	C	B	A	A	B	B	B	A	B	C	C	C	B	A	B
065	066	067	068	069	070	071	072	073	074	075	076	077	078	079	080
C	B	A	C	A	B	A	B	B	B	A	C	B	A	B	A
081	082	083	084	085	086	087	088	089	090	091	092	093	094	095	096
B	B	A	B	B	B	A	B	A	B	A	C	A	B	A	B
097	098	099	100	101	102	103	104	105	106	107	108	109	110	111	112
C	B	C	B	B	B	B	A	B	B	B	A	A	A	C	B
113	114	115	116	117	118	119	120	121	122	123	124	125	126	127	128
B	B	A	C	A	C	C	A	C	A	B	C	C	B	A	B
129	130	131	132	133	134	135	136	137	138	139	140	141	142	143	144
A	A	B	B	B	C	C	A	C	B	B	A	A	C	B	B
145	146	147	148	149	150	151	152	153	154	155	156	157	158	159	160
C	B	B	C	A	A	C	B	A	B	C	A	C	A	A	B
161	162	163	164	165	166	167	168	169	170	171	172	173	174	175	176
B	C	B	A	B	A	C	B	B	A	C	C	C	A	B	A
177	178	179	180	181	182	183	184	185	186	187	188	189	190	191	192
A	A	A	B	C	C	A	B	B	B	B	A	B	C	A
193	194	195	196	197	198	199	200	201	202	203	204	205	206	207	208
B	B	B	A	B	C	A	A	B	C	C	B	A	B	A	B
209	210	211	212	213	214	215	216	217	218	219	220	221	222	223	224
A	A	C	B	C	B	A	C	C	A	C	C	B	B	A	B
225	226	227	228	229	230	231	232	233	234	235	236	237	238	239	240
A	B	C	B	A	C	A	A	A	A	A	B	B	C	B
241	242	243	244	245	246	247	248	249	250	251	252	253	254	255	256
C	B	B	B	A	A	B	A	C	C	B	B	A	C	B	B
257	258	259	260	261	262	263	264	265	266	267	268	269	270	271	272
A	A	C	A	B	A	C	C	B	C	B	B	A	A	A	C
273	274	275	276	277	278	279	280	281	282	283	284	285	286	287	288
B	A	A	C	C	C	B	A	C	B	A	C	A	C	A	C
289	290	291	292	293	294	295	296	297	298	299	300	301	302	303	304
C	A	A	A	C	A	C	A	C	C	A	C	C	A	C
305	306	307	308	309	310	311	312	313	314	315	316	317	318	319	320
A	B	A	A	A	B	A	A	B	A	B	C	B	A	C	C
321	322	323	324	325	326	327	328	329	330	331	332	333	334	335	336
C	B	B	C	A	B	C	A	B	C	B	B	B	C	C	C
337	338	339	340	341	342	343	344	345	346	347	348	349	350	351	352
A	C	A	B	A	A	A	C	B	B	C	B	B	C	B	B
353	354	355	356	357	358	359	360	361	362	363	364	365	366	367	368
A	C	A	C	B	B	B	B	A	B	C	C	B	C	A	C
369	370	371	372	373	374	375	376	377	378	379	380	381	382	383	384
B	C	A	C	B	C	B	C	B	A	B	C	C	B	C	C
385	386	387	388	389	390	391	392								
C	A	B	C	A	B	C	A								

001	002	003	004	005	006	007	008	009	010	011	012	013	014	015	016
017	018	019	020	021	022	023	024	025	026	027	028	029	030	031	032
033	034	035	036	037	038	039	040	041	042	043	044	045	046	047	048
049	050	051	052	053	054	055	056	057	058	059	060	061	062	063	064
065	066	067	068	069	070	071	072	073	074	075	076	077	078	079	080
081	082	083	084	085	086	087	088	089	090	091	092	093	094	095	096
097	098	099	100	101	102	103	104	105	106	107	108	109	110	111	112
113	114	115	116	117	118	119	120	121	122	123	124	125	126	127	128
129	130	131	132	133	134	135	136	137	138	139	140	141	142	143	144
145	146	147	148	149	150	151	152	153	154	155	156	157	158	159	160
161	162	163	164	165	166	167	168	169	170	171	172	173	174	175	176
177	178	179	180	181	182	183	184	185	186	187	188	189	190	191	192
193	194	195	196	197	198	199	200	201	202	203	204	205	206	207	208
209	210	211	212	213	214	215	216	217	218	219	220	221	222	223	224
225	226	227	228	229	230	231	232	233	234	235	236	237	238	239	240
241	242	243	244	245	246	247	248	249	250	251	252	253	254	255	256
257	258	259	260	261	262	263	264	265	266	267	268	269	270	271	272
273	274	275	276	277	278	279	280	281	282	283	284	285	286	287	288
289	290	291	292	293	294	295	296	297	298	299	300	301	302	303	304
305	306	307	308	309	310	311	312	313	314	315	316	317	318	319	320
321	322	323	324	325	326	327	328	329	330	331	332	333	334	335	336
337	338	339	340	341	342	343	344	345	346	347	348	349	350	351	352
353	354	355	356	357	358	359	360	361	362	363	364	365	366	367	368
369	370	371	372	373	374	375	376	377	378	379	380	381	382	383	384
385	386	387	388	389	390	391	392	393	394	395	396	397	398	399	400